污水处理厂工程施工技术

杨华斌 著

哈尔滨出版社
HARBIN PUBLISHING HOUSE

图书在版编目（CIP）数据

污水处理厂工程施工技术 ／ 杨华斌著． — 哈尔滨：
哈尔滨出版社，2022.12
ISBN 978-7-5484-6808-0

Ⅰ．①污… Ⅱ．①杨… Ⅲ．①污水处理厂－工程施工
－技术 Ⅳ．① X505

中国版本图书馆 CIP 数据核字（2022）第 189746 号

书　　名：污水处理厂工程施工技术
WUSHUI CHULICHANG GONGCHENG SHIGONG JISHU

作　　者：杨华斌　著
责任编辑：韩伟锋
封面设计：张　华
出版发行：哈尔滨出版社（Harbin Publishing House）
社　　址：哈尔滨市香坊区泰山路 82-9 号　邮编：150090
经　　销：全国新华书店
印　　刷：廊坊市广阳区九洲印刷厂
网　　址：www.hrbcbs.com
E - mail：hrbcbs@yeah.net
编辑版权热线：（0451）87900271　87900272
开　　本：787mm×1092mm　1/16　印张：9.5　字数：210 千字
版　　次：2023 年 1 月第 1 版
印　　次：2023 年 1 月第 1 次印刷
书　　号：ISBN 978-7-5484-6808-0
定　　价：68.00 元

凡购本社图书发现印装错误，请与本社印制部联系调换。
服务热线：（0451）87900279

前　言

在污水处理厂的策划以及建筑措施部分，必须要采取专业的措施来对污水进行处置。针对污水处理厂的建筑措施，策划类型具有多样性，但是一旦建筑方法确定之后就不能轻易改动，否则对整体项目的建筑进程及经济利益都有着一定的影响。因此，要求施工单位必须与污水处理厂的要求相符合，在污水处理厂的特征，各部分能源的整合，建筑方法的改善，建筑的科学性以及经济利益上获取双赢。

对污水处理厂进行施工管理优化时，要在施工准备期对其进行优化管理，其目的就是为施工实施阶段创建更为有利的施工环境，进而确保施工可以更加顺利地进行。准备期的主要工作任务就是依据建设工程的特点对其进行全面详细的分析，将施工进度安排并设计好，然后根据施工的条件和质量要求制定科学合理的施工组织文件，最后要与施工的客观条件和经济合理性相结合，制定出最优的施工方案，还要在施工前期做好人力、物力、技术等方面的准备工作，以确保施工工作可以顺利开展。

污水生化处理过程的优化控制：在 1990 年以后，大多学者都将城市污水处理厂计算机的模拟和控制方面作为重点的研究对象，常用的方法主要是基于溶解氧目标值的 PID 控制，通过建设高度自动化的污水处理厂来完成对现场设备的监控，以确保污水处理设备和工艺可以长时间安全可靠地运行。但由于污水生化处理过程的时滞性、非线性及溶解氧目标值时变性，PID 控制很难跟踪溶解氧目标值。因此，就在此基础上创建了变增益的模糊PID 控制、PID 控制以及模糊专家控制、神经网络自动诊断等智能控制方法，促使控制系统科学性发展，而且对自动化控制和管理水平的提高、设备的正常运行等有着重要的作用，不仅降低了操作人员的劳动强度，还改善了工作环境。

在废水处理过程中应全面考虑其对环境的影响，尤其是技术环境下废水的处置程序，要科学分析处置费用和综合排水费用，建立评估制度，最低化成本的同时达到最佳效果。依据此项数据明确技术的标准值，不但可以使废水处置过程的相关数据得到改善，还能够实现节约能源、保护环境的宗旨。

目录

第一章 污水处理设备研究 …………………………………………………………… 1

 第一节 我国城市污水处理及设备的现状 ………………………………………… 1

 第二节 一体化污水处理设备的研究 ……………………………………………… 6

 第三节 污水处理设备的维护与保养 ……………………………………………… 11

 第四节 MBR 一体化污水处理设备 ……………………………………………… 14

 第五节 内河船生活污水处理设备 ………………………………………………… 17

 第六节 市政污水处理设备的运行与管理 ………………………………………… 19

 第七节 污水处理设备更有效、更节能化制造 …………………………………… 21

第二章 污水处理厂工程施工技术的分类 ………………………………………… 24

 第一节 污水处理厂土建施工重点 ………………………………………………… 24

 第二节 污水处理厂施工技术优化 ………………………………………………… 26

 第三节 污水处理厂施工及设备安装 ……………………………………………… 29

 第四节 污水处理厂污水处理节能施工技术 ……………………………………… 32

 第五节 污水处理厂施工阶段沉降观测技术 ……………………………………… 35

 第六节 污水处理厂安装工程主要施工技术 ……………………………………… 39

第三章 污水处理厂设备的安装和调试 …………………………………………… 45

 第一节 污水处理厂设备设计及安装 ……………………………………………… 45

 第二节 自动化仪表设备安装调试要点 …………………………………………… 48

 第三节 污水深度处理设备安装与调试 …………………………………………… 50

 第四节 水电站电气设备安装及调试管理 ………………………………………… 53

 第五节 污水处理厂设备安装调试技术及监控 …………………………………… 56

 第六节 污水处理厂给排水设备联动调试工艺 …………………………………… 59

第四章 污水处理厂水池施工研究 ………………………………………………… 63

 第一节 污水处理厂池体施工 ……………………………………………………… 63

 第二节 污水处理厂水池结构 ……………………………………………………… 66

第三节　污水处理厂水池渗漏 ……………………………………………………… 69

第四节　混凝土水池施工防水 ……………………………………………………… 72

第五节　污水处理厂工程沉淀池施工 ……………………………………………… 74

第五章　污水处理厂污泥设备研究 ………………………………………………………… 77

第一节　污水处理厂污泥脱水设备 ………………………………………………… 77

第二节　污水处理厂污泥处理处置设备 …………………………………………… 79

第三节　城镇污水处理厂污泥碳化技术 …………………………………………… 84

第四节　污水处理厂污泥脱水机房设计 …………………………………………… 87

第五节　污水处理厂污泥深度脱水技术 …………………………………………… 90

第六章　污水处理厂工艺管道研究 ………………………………………………………… 94

第一节　市政污水处理的管道施工及问题 ………………………………………… 94

第二节　生态组合池污水处理工艺 ………………………………………………… 96

第三节　污水处理厂工艺管道安装施工 …………………………………………… 99

第四节　污水处理厂污水管道施工优化 …………………………………………… 102

第五节　污水处理厂管道工程施工技术 …………………………………………… 104

第六节　污水处理厂配套管网的深基坑施工 ……………………………………… 109

第七节　污水处理厂钢筋混凝土管道的安装施工 ………………………………… 112

第七章　污水处理厂工程施工管理研究 …………………………………………………… 116

第一节　污水处理厂建设施工管理 ………………………………………………… 116

第二节　污水处理厂施工现场管理 ………………………………………………… 119

第三节　污水处理厂施工项目成本管理 …………………………………………… 122

第四节　污水处理厂工程建设的施工监理 ………………………………………… 125

第五节　污水处理厂土建施工阶段质量管理 ……………………………………… 128

第六节　污水处理厂 EPC 项目成本管理 ………………………………………… 131

第七节　污水处理厂的运营管理探讨 ……………………………………………… 134

第八节　从运营周期谈小型污水处理厂的管理 …………………………………… 137

第九节　污水处理厂档案管理工作的体会 ………………………………………… 139

参考文献 ……………………………………………………………………………………… 143

第一章 污水处理设备研究

第一节 我国城市污水处理及设备的现状

传统的污水处理工艺需要大量能量，消耗大量的有机碳，产生大量剩余污泥，并向大气中释放大量二氧化碳。当今世界所强调的可持续经济发展方式也涵盖了污水处理领域。在全球水资源日益紧缺的形势下，污水处理显得尤为重要。将污水进行处理之后，可以对其进行循环使用，为我国的生产减少水资源的消耗。国产污水处理系统仍与国外存在较大的差距，我国还需要在新技术装备上加大自主创新研发能力。因此，开发低能耗、低资源消耗、高回收率的污水处理设备是十分必要的。

现阶段，全球水资源面临短缺问题，如何合理利用水资源、节约水资源以及净化水资源已经成为国际社会的共同问题，污水处理是解决问题的有效途径。人们的日常生活、工业生产、农业生产均会消耗大量的水资源，利用水资源后的排放问题是环境保护领域关注的热点。如果对废水资源进行有效处理并合理利用，就可以有效地缓解水资源短缺的问题。我国的经济近些年发展迅速，但是与此同时也对环境造成了一定的污染。为了保护生态环境，我国积极倡导节能减排，并且在污染物的处理方面给予足够的重视。将污水进行处理之后，可以对其进行循环使用，为我国的生产减少水资源消耗。水处理技术利用相关的技术手段对污水进行净化，使其可以继续使用，所以水处理技术在我国未来具有广阔的发展前景。现代污水处理技术，按处理程度划分，可分为一级、二级和三级处理，一般根据水质状况和处理后的水的去向来确定污水处理程度。

一、我国污水处理现状及常见污水处理技术

（一）水污染突发事件的主要特征

1. 水污染突发事件具有多样性

通过近几年水污染突发事件，可以发现水污染物种类繁多，并且污染可以多种形式存在。例如，常见水污染物包括水底植物、化工原料、工业废水和生活污水等；水污染形式有水底植物疯长、化工厂原料未达到排放标准但排入外界环境、水体污染等，可能涉及单个或多个水体被污染以及交叉污染等问题。因此，水污染突发事件具有多样性。

2. 水污染突发事件具有突然性

水污染突发事件事先并未获取任何相关信息，甚至专家都难以预测水污染突发事件的发生时间、发生地点、发生原因以及可能造成的后果。

3. 水污染突发事件具有规律性

通过分析近几年水污染突发事件的全过程，可以发现水污染突发事件是具有一定规律性的。水污染突发事件发生概率较高的区域主要集中在经济发展速度相对较快的区域。

4. 水污染突发事件具有处置艰巨性

水污染突发事件刚发生时，我们很难立即采取有效措施。随着污染程度的加深，污染因素的可控程度会严重下降，可操作的处理难度也会随之增加。我国人口众多，地域文化差异较大，在污染事件处理过程中很可能出现受到政府排斥、企业配合度低等问题。此外，国家也缺少水污染突发事件应急处理专业技术人员进行指导，增加了处理水污染的难度。

5. 水污染突发事件具有严重的危害性

水流动性良好，污染物在水中会随着水的流动而快速扩散，并且污染物也可能和水中的物质产生化学反应，形成新的污染物，进而加剧原水污染危害。生态修复是一个漫长过程，需要投入大量的人力、物力。水污染的危害导致出现了一次次饮水危机，更是对自然资源的浪费，给子孙后代的生活带来不良影响。

（二）我国污水处理面临的问题

我国污水处理面临的问题有两个：①经济发展与污水处理设备之间的矛盾。随着可持续发展理念不断深入，经济发展相对落后地区需要在保护环境的基础上发展经济。但是，该地区高新技术产业企业在污水处理设备问题方面要求较高，地区经济发展水平远远不能满足企业的需求，导致企业发展受到限制；②污水处理技术较为落后。城市污染处理需要技术的支持。先进、有效的技术有利于高效地完成城市污水处理问题，但是落后的污水处理技术往往只能拖延城市污水处理的进程。目前，我国的城市污水处理技术大多都比较传统和老旧，给我国城市污水处理带来了严重的阻碍。

（三）常见污水处理技术

常见污水处理技术主要有生物污水处理法、物理污水处理法以及化学污水处理法。

生物污水处理法是指利用微生物将污水中的有机物降解为无害的物质，从而净化污水的处理方法。常见的生物污水处理法有活性污泥法、生物膜法等。物理污水处理法常用到的方法有沉淀法、过滤法、气浮法、离心分离法和磁力分离法。常见化学污水处理法有混凝沉淀法、中和法、氧化还原法和化学沉淀法。

二、我国城市污水处理设备现状

（一）我国现有污水处理设备发展现状

根据反应器 COD 降解的原理，污水处理工艺过程中所用设备主要包括配水系统、流化床反应室、内循环系统和深度净化反应室。在进水和混合配水系统中，废水、循环水、反应器底部污泥混合后，可被均匀稀释，抗冲击性能得到大大提升。配水系统形状为盖板状，可以有效地避免配水系统的堵塞和拼接。在流化床反应室设备中，废水和颗粒污泥在进水和循环水的作用下发生强烈接触，污染物降解率得以提高。在内部流通系统中，厌氧生物经过三相分离器后进入上升管，气体、水和污泥快速上升至提升管。剩余泥水流过降液管进入反应器底部，形成循环流。废水经流化床反应室后进入深层净化室，COD 进一步降解，直至几乎完全去除。

20 世纪 70 年代末期，我国刚开始自主生产污水处理设备，但设备系列化、成套化以及标准化程度较低，且得到成功应用的设备依旧不足 50%。自 20 世纪 90 年代后，政府相关机构开始重视污水处理设备的研发和生产，这也在一定程度上大大提升了设备的制造能力，各类配套的污水处理设备应运而生，污水处理标准化程度也得以有效提升。当前，5 t~50 t 日处理能力的污水处理设备均可全部由国家企业自主生产。国产污泥脱水处理系统、污水污泥提升系统、曝气处理系统以及机械过滤沉淀系统等已经赶超 20 世纪 80 年代的国际水准，各种类型的配套设备也能满足市场需求。二级生物接触氧化处理工艺较为新颖，以推流式生物接触氧化，在污水处理效果上明显高于二级串联或完全混合式生物接触氧化池。并且二级生物接触氧化处理工艺设备所占面积小，可以有效地适应各种类型的水质，具有良好的冲击负荷能力，并且没有污泥膨胀问题。国产在线监控系统、沼气发电系统等污水处理系统仍与国外先进水平存在较大的差距，我国还需要在新技术装备上加大自主创新研发能力。

（二）我国城市污水处理设备面临的主要问题

城市的发展越来越快，同时也就意味着需要处理的工作越来越多，城市污水就是很重要的一方面，如果处理不好就会对环境造成严重污染，对于目前我国的一些污水处理设备来说，很多处于半运行状态。在此过程中，我国污水的实际处理率远远低于污水处理设备的处理能力。随着我国经济的快速发展，这方面的投资有所增加，但是与外界预期仍有很大差距，远远不能满足现有需求。

我国在污水处理技术上正在实现跨越式发展，全国污水处理企业数量逐年提高，对我国污水能力的提升做出了重要贡献。且当前还有很多正在建设的污水处理厂，这也基于政府机构对环境保护工作的重视。在此背景下，我国污水处理设备的发展遭遇了一些瓶颈，以下总结了我国污水处理设备发展中遇到的问题。

1. 污水处理设备主要来源于进口，自主研发设备较少

污水处理是环境保护工作的重点内容，因此，国际在各类污水处理技术、处理设备上都未限制专利，也不存在技术封锁，这就导致国际环保设备流通畅通，毫无障碍。且国内污水处理设备研发起步晚，跟不上发达国家水平，国内很多污水处理企业选择进口污水处理设备，使进口设备占比高于80%，国产设备市场占比不足20%。但不同区域污水水质也有较大的差异，进口设备在污水处理上也有一定的局限性，加之价格较高，这也为国产设备的研发和应用提供了机遇。

2. 研发能力与国际相比还有一定的差距

近几年，国家政府机构支持污水处理设备的发展，也投入了相当高额的资金用于污水处理设备研发工作。但由于污水设备多数零件为中小企业生产的专用零件，生产能力的限制也是污水处理设备研发的瓶颈。

3. 污水处理设备的性能技术指标有待提高

污水处理技术及相关设备研发是一项科技含量较高的技术，且对设备性能也有较为严格的要求，这也是污水处理设备研发的薄弱环节。当前，我国自主研发生产的离心泵、潜污泵、曝气机、压滤机、鼓风机等污水处理设备已经投产使用，同时也可以满足污水处理要求。但是一些沼气发电、污水处理监控等技术等级较高的系统设备，65%以上需要依靠进口。由此可见，我国与国际发达国家有着很大的差距，这也是我国污水处理设备发展需要完善的内容。

三、我国城市污水处理设备的主要发展方向

（一）提高污水处理效率

每天检查污水处理设备气浮机污水泵和回流泵是否结冰，其中包括水泵的润滑加油、填料的松紧、底阀的密封和空压机的加注机油等。检查空压机是否正常运转，有无杂声及发热现象。检查刮渣机的传动部分及刮板，在寒冷状态下是否变硬折断，以免影响使用。对各设备阀门管路进行检查以免阀门管路有堵塞。停机时必须将水放干净，以免结冰堵塞。

（二）引入智能化污水处理技术

利用人工智能实时监控水质，当后台发现偏离设定基准线时会发出警报。整合物联网、云计算和移动互联等新一代技术，实现了高度智能化、网络化的智慧安全污水处理方案。系统通过移动互联网，能够对网络内所有的污水处理厂管的性能实现实时监控。管理人员能够通过移动互联网，使用手机和PC设备，随时随地地了解系统设备及污水处理情况，并根据事实做出决策，跟踪所做投资的影响。因此，将智能化系统引入污水处理中需要从以下三个方面入手：①人才是智能化污水处理技术发展的关键性因素，污水处理企业需要提高整体员工的素质与素养。因此，注重人才的引进、员工的培养，吸引具有一定管理能力的人才加强智能化污水处理建设，同时对污水处理人员进行关于"智能

化"的统一培训，让员工掌握智能化系统的操作流程；②加强与公众在智能化方面的联系，建设完善的云数据中心，让公众多了解智能化污水处理技术，主动加入污水处理行列；③积极与政府合作，得到相关政策的扶持，同时给予技术、资金上的支持。总之，智能化污水处理技术需要吸收社会各界的建议，以政府的扶持为辅，形成污水处理与政府相互促进的良好局面。

（三）降低污水处理过程中的能耗

水泵是污水处理系统中至关重要的核心设备，在处理污水过程中，水泵需要消耗大量的电能。因此，降低污水处理过程中能量消耗的有效途径之一是提高水泵的运行效率，从泵房上节约能源消耗。这就需要相关技术人员从以下几个方面入手：科学设计水泵的扬程，节约水泵在运行过程中的能源消耗。通常情况下，在设计污水处理厂过程中，多数技术人员计算水头损失的方法为估算法。但是一般估算法所得数值比实际值略高，导致水泵扬程设计过高。因此，在设计污水厂，计算污水处理系统总水位差值过程中，还需要合理结合地形，通过严谨的水力学理论计算实际值，以降低计算偏差，缩短与水泵真实扬程的误差。为了更进一步地降低水泵的能源消耗，还需要缩短水泵扬程。

具体操作方法有以下三种：①在设计水泵高程时做到一次提升，选择更为合理的管道、出水口、进水口连接，从源头降低水头损失。此外，还可以将固定堰更换为可调堰，将非淹没堰更换为淹没堰，并对构筑物进行更加合理、科学的布局。从相关实践经验来看，按照此种方法调整，每处理 1 t 废水，可降低 30% 的能量消耗。②定期对污水处理设备进行检查，一旦发现故障应该及时维护和整修，以降低能源消耗。目前国内很多污水处理企业泵房利用率不足 70%，并且设备能量消耗持续增长，水量智能化、连续化调节系统难以正常运行，这也是污水处理耗能量较高的主要原因之一。因此，污水处理企业应对水泵进行合理改造。在改造水泵过程中，可以在污水提升系统中借助变频调速技术，以此来合理搭配泵站设备，提升水泵系统的工作效率，降低水泵系统的能量消耗。③水泵机组系统要尽可能地使用同一型号水泵或者选择泵型相同的水泵，以便后续维护和管理，降低水泵开关频率，以保证水泵正常、稳定地运行。此外，生物膜技术也是一类新型的污水处理技术，可以有效地吸收废水中的有机物质，进而净化水质。生物膜具有良好的再生能力，使用寿命相对于其他设备来说较长，可以为污水处理节约成本。但是生物膜技术也有一定的局限性，污水处理时间较长，且生物膜自身生产过程较为复杂，作用效果难以得到有效保障，还需要进一步研究。

近几年，国内污水处理技术发展较快，相关设备的研发生产也在有条不紊地进行，但是与国外先进水平相比还存在较大的差距，国际竞争也日益激烈。我国污水处理设备的开发也逐渐从小型农户用污水处理设备逐渐向工业废水处理、农业废水处理以及生活用水处理设备的方向发展。

除了以上几点之外，城市一体化生活污水处理设备还有许多问题需要解决。首先，城市建设资金短缺；其次，一些城市存在盲目建设的问题；再次，再生水利用率低，部分城市污水管网不发达，部分工厂污水超标严重。这些问题一直影响着水质安全和污水处理设备的健康发展。鉴于上述问题，应采取以下对策：加大宣传教育，提高全民环保意识。充分利用媒体资源，向社会宣传水资源保护的原则、政策和法规。让公众树立坚定的环保意识，了解水资源保护的重要性和紧迫性，增强自身的责任感，培养节水习惯。此外，污水处理设备厂还应该积极地引导公众参与水资源保护，使水资源保护和节约用水深入人心。

第二节　一体化污水处理设备的研究

一体化污水处理设备具有处理效果好、投资及运行费用少、占地小、管理方便等优点，可以有效地处理分散式污水，具有广阔的应用前景。本节介绍了一体化污水处理设备的一般工艺及其研究现状，并对未来一体化污水处理技术的研究提出几点建设性意见。

我国水资源缺乏，目前人均水资源量不足世界人均水平的 1/3，近 2/3 的城市存在不同程度缺水。在水资源短缺的同时，我国水环境的质量也令人担忧。随着社会经济的快速发展和城市人口的增加，我国污水排放量呈逐年增长趋势，2011 年全国污水排放量达到652.1 亿吨。据有关数据统计，2011 年全国地表水总体为轻度污染，湖泊（水库）富营养化问题仍突出，水环境形势依然十分严峻。2010 年底，中国已建成且投运城镇污水处理厂 2832 座，全国城市污水处理率达到 77.4%。这些污水处理厂的有效运行，都是依赖城市完善的排水管网系统。而对于那些城市污水收集管道难于延伸的区域（如农村、小城镇、城郊生活区等），污水处理率仍然很低。2000 年，建设部、国家环境保护总局和科学技术部联合颁布的《城市污水处理及污染防治技术政策》规定对不能纳入城市污水收集系统的居民区、旅游景区、度假村、疗养院、机场、铁路车站、经济开发区等分散的人群聚居地排放的污水和独立工矿区的工业废水应就地处理达标排放。这就为小型一体化污水处理设备的应用和发展提供了广阔的发展空间。对于污水不能进入城市收集管网的地区来说，研发工艺简单、投资和运行费用少、处理效率高、节能的一体化污水处理设备具有十分重要的现实意义。笔者旨在介绍一体化污水处理设备的研究现状和应用情况，为未来污水处理设备的进一步发展提供参考依据。

一、一体化污水处理设备及其优势

（一）一体化污水处理设备简介

一体化污水处理设备是以生化反应为基础，将预处理、生化、沉淀、消毒、污泥回流等多个功能不同的单元有机地结合在一个设备之中而形成的污水处理组合体。该设备不仅适用于城市排水管网难以覆盖的城市边缘地带和新区以及经济相对落后的广大农村、小城镇地区，同时，还可以处理与城市生活污水性质类似的部分工业废水和医院、涉外宾馆等城市特种废水。国家有关政策规定城市特种废水未经处理不得直接排入市政排水管网。

（二）一体化污水处理设备的优势

与大型的污水处理厂相比，一体化污水处理设备具有不可替代的优势：①投资和运行费用少。一体化污水处理设备投资少，操作和管理方便，不需对操作人员进行专门的培训，只需适时对设备进行维护和保养，所以，运行费用也很低。②节约空间。城市土地资源日益紧缺，大型的污水处理厂占地面积大，增加了城市用地压力，而一体化污水处理设备体积较小、节约空间、搬运灵活。一些设备还可以埋于地下，不占用地表面积。③缓解城市排水管网建设压力。完善的城市排水管网系统是污水处理厂正常运行的前提条件。对于人群聚居较分散的区域，一般离城市中心较远，建设排水管网并不现实，这就给一体化污水处理设备提供了应用的空间。这些地区产生的污水可以经污水处理设备处理后直接排放到附近的接纳水体中，而不需要经排水管网收集进行集中处理，极大地缓解了建设市政污水管网的压力。④污水回用效率较高。污水处理厂的污水回用系统一般较复杂，管网规模大，管理维护难度较大，而一体化污水处理设备不需安装大规模的管网系统，可以灵活布置污水回用节点，比传统的大型污水处理系统更具优势。

二、一体化污水处理设备研究现状

一体化污水处理设备迄今已有多年的研究历史，目前日本、欧美等国家和地区已将其广泛应用于城镇生活污水和部分工业废水处理。我国在这方面也取得了较大的成绩，近年来我国学者对一体化污水处理设备进行了广泛的研究，设备采用的工艺从原来单一的活性污泥法或生物膜法逐渐发展为多种方法结合的复合工艺。

（一）一体化生物接触氧化反应器

当要求以有机物为主要去除对象时，可采用生物接触氧化工艺。生物接触氧化工艺兼具活性污泥法和生物膜法两者的特点，具有水力停留时间短、有机物负荷高、耐冲击负荷能力强、剩余污泥少、出水水质好、管理方便等优点。生物接触氧化工艺已被广泛地应用于处理生活污水、工业废水、活性表面剂类废水以及含油废水等。研究结果表明，多级接触氧化反应器的处理效率要高于单级接触氧化反应器。

于 1994 年开发的 WSZ 地埋式生活污水处理装置的核心处理单元就是接触氧化池。池内安装半软性填料，污水停留时间为 2.5 ~ 3.2h，结果发现该设备处理效果好，对氨氮也有良好的去除率。该设备自研发至今已在我国有较多的推广和应用。严荣等对一体化接触氧化反应器处理某景区生活污水的效果进行了实验研究。该反应器内装填生物膜组合填料，采用间歇曝气，在好氧 – 厌氧环境的不断交替下，达到脱氮的效果。实验结果表明，反应器对 COD、NH_3–N 和 TN 的去除率分别可达 80.82%、69.12% 和 63.16%，处理成本约为 0.25 元 / m^3。近年来也有学者将接触氧化法和活性污泥法结合，如杨云平开发了一种活性污泥－接触氧化气提式内循环一体化反应器，将组合填料置于曝气区，通过曝气动力实现了混合液的内循环。

（二）一体化生物流化床

生物流化床是以粒径为 0.3 ~ 3.0mm 的活性炭、沸石、磁环及多孔高分子聚合物等为载体，污水为流化介质，通过载体生物膜的吸附降解作用去除有机污染物。与接触氧化工艺相比，生物流化床污泥浓度更高、耐冲击能力更强、剩余污泥更少、无滤料堵塞难题，而且生物流化床具有流程紧凑、占地面积小、出水水质好等优点。但是，流化床必须在高速运行下才能使载体流态化，故能耗较高、运行管理较复杂，并不适合分散生活污水的处理。目前，生物流化床反应器形式多样：按循环方式可分内循环、外循环流化床；按床内物相可分为二相、三相流化床；按微生物需氧环境可分为好氧、厌氧以及厌氧－好氧流化床。随着研究的进展，一些新型流化床反应器不断涌现，如 MBBR 移动床生物膜反应器、BASE 三相生物流化床、Circox 气提式生物流化床、磁场生物流化床、固定化－流化床生物反应器等。

近年来，一体化生物流化床成为国内学者研究的热点。肖鸿等将多孔聚合物载体用于厌氧－好氧一体化生物流化床反应器中处理高浓度有机废水。在新型一体化生物流化床反应器中添加多孔聚合物载体处理高浓度有机废水，是一种创新的尝试。当进水 COD 在 2700 ~ 4653mg／L 时，反应器对 COD 的去除率均值可达 90.6%；当进水氨氮浓度为 280.3 ~ 350.7mg／L 时，对氨氮的平均去除率为 81.0%。

（三）SBR 反应器

SBR 反应器是由英国学者 Ardern 和 Locket 于 1914 年共同发明的，而它的研究发展始于 20 世纪 70 年代。SBR 反应器将进水、反应、沉淀、排水和闲置五个阶段按时间顺序集中在一个装置中完成。它的主要特点是在一个池内完成污水处理的全过程，所以节省占地面积，基建费用少；同时，SBR 反应器抗冲击负荷能力强，处理效果较好，对氮、磷也有一定的去除效果，不易产生污泥膨胀现象，适合小水量的污水处理。有研究结果表明，SBR 反应器能实现分散式生活污水处理的达标排放。

随着 SBR 反应器研究的进行，出现了很多可以处理不同性质污水的改进工艺，如 CASS、ICEAS、SBBR、MSBR、UNITANK、DAT–IAT 等。其中，DAT–IAT 是典型的 SBR 改进工艺。DAT–IAT 一体化设备的主体构筑物由需氧池（DAT）和间歇曝气池（IAT）组成。其中，DAT 池连续进水，持续曝气；在 IAT 池完成曝气、沉淀、滗水、排泥过程。DAT–IAT 一体化设备既有 SBR 的灵活性，同时又有传统活性污泥法的连续性和高效性，已在生活污水和工业废水处理方面有所应用。秦皇岛某交通酒店采用地埋式 DAT–IAT 一体化设备对其生活污水进行处理，该设备一直稳定运行，无须专人管理，可实现厌氧、缺氧和好氧状态，对生活污水和洗涤废水处理效果良好。也有学者在 DAT–IAT 工艺基础上前置一个缺氧池，形成 A／DAT–IAT 工艺，增强了脱氮除磷的效果。

近年来，SBR 与其他工艺相结合而成的复合工艺发展也比较迅速。SBR 与 A／O 或 A$_2$／O 工艺相结合的一体化设备，具有良好的脱氮除磷功能。序批式生物膜反应器（SBBR）是一种新型的变形 SBR 工艺，其将填料装填在 SBR 反应器内，为生物提供了更有利的生存环境，大大提高了设备的处理能力和稳定性。目前国内对 SBBR 的研究主要集中在工业废水和部分城市生活污水处理上，因此，将其用于一体化污水处理设备具有广阔的发展前景。

（四）一体化氧化沟

一体化氧化沟的主要特点是船型的二沉池被合建于氧化沟内。按二沉池置于氧化沟的部位，可分为沟内式、侧沟式和中心岛式一体化氧化沟。一体化氧化沟不用另建单独的沉淀池，无须污泥回流系统，大大节省了占地面积和基建费用；抗冲击能力强，运行稳定，可以脱氮除磷，运行管理方便。一体化氧化沟的这些优点使其特别适用于小区域污水的集中处理。

有学者将一体化氧化沟和厌氧、缺氧及好氧工艺合理组合，加强装置的脱氮除磷作用。如立体循环氧化沟（IODVC），它由曝气转刷、上下两层沟道和沉淀区组成。上层沟道为好氧区，下层沟道为缺氧区，水流在上下两层竖直循环，大大节省了占地面积；沉淀池建在氧化沟的一端，沉淀的污泥可以自动回流到氧化沟，无须污泥回流设备，节省了投资和能耗。实验结果表明，立体循环氧化沟处理城市生活污水是可行的，对 COD 的去除率可高达 95%，NH$_3$–N 和 TN 的去除率也分别达到 99% 和 90% 以上。在此基础上开发的一种新型一体化立体循环污水生物脱氮除磷反应器，通过排出厌氧区富磷上清液，可在脱氮的同时达到良好的除磷效果。江苏金山环保工程集团发明了一种一体化多功能立体循环氧化沟设备，氧化沟内设有三块隔板，将其自上而下分为一级好氧区、二级好氧区、缺氧区及厌氧区四个隔室，二沉池安装在沟的两侧，在二沉池上部出水口处设有消毒装置，氧化沟顶部设有生物除臭装置。本设备集脱氮、除磷、除臭和消毒于一体，具有结构紧凑、占地少、结构简单等特点，尤其适用于城市生活社区生活污水的处理。

（五）一体化膜生物反应器

一体化膜生物反应器（MBR）是结合膜分离技术和生物处理工艺而开发的新型污水处理装置。它具有处理效果好、能耗低、结构紧凑、剩余污泥少、易于自动管理等优点，但也存在着膜污染的问题。目前 MBR 技术已广泛地应用于国内很多大型污水处理厂，在 20m³／d 以下的小型污水处理工程中应用较少。肖珊等用小型一体化 MBR 设备对郑州某农家乐 4m³／d 的生活污水进行了处理，去除效果稳定，对 COD、BOD、SS 和 NH$_3$–N 的去除率均在 90% 以上。2008 北京奥运会马术比赛场地就采用了"一体化膜生物反应器"处理来自比赛马匹集中点的马粪尿、清洗污水及工作人员生活污水，该设备占地面积小、空间紧凑、节能效率高，实现了互联网上的水质和运行程序全自动在线监控。

缺氧–好氧膜生物反应器（A／O–MBR）具有良好的脱氮能力，广泛地应用于分散聚居区回用水处理。按缺氧区和好氧区分布形式，一般可分为并式、立式一体化 AO-MBR。立式一体化 A／O-MBR 占地面积小，具备将其投入工程应用的潜质。重庆大学的 Zhang 等开发了一种立式一体化 A／O-MBR，膜组件置于好氧区，污水以升流形式依次通过厌氧区和好氧区，厌氧区产生的甲烷进入好氧区作为反硝化的碳源。研究结果表明，该反应器对 COD 和氨氮的去除率分别可达 99% 和 100%。

随着广大学者对一体化膜生物反应器的深入研究，现在出现了很多 MBR 与其他工艺相结合的复合一体化反应器。王星骅等将 MBR 与 MBBR（移动床生物膜反应器）结合，开发了一体化新型移动床膜生物反应器 M-MBBR；苏锦明等将 MBR 与 CASS 工艺结合开发了一种新型的一体化 MCASS 设备；哈尔滨工业大学环境生物技术中心开发了一体式 UASB-MBR 反应器，适用于水量和污染物浓度变化较大的工业废水处理；还有学者将 MBR 与 SBR 工艺结合发明了序批式一体化膜生物反应器（SBMBR）。这些新型的一体化复合式膜生物反应器出水水质更稳定，管理运行方便，在处理分散生活污水和部分工业废水领域有广阔的应用前景。

（六）一体化 A／O 或 A₂／O 设备

A／O 或 A$_2$／O 工艺是污水处理最常用的工艺，具有出水水质好，耐冲击能力强，运行成本低，管理容易等优点。一体化 A／O 设备的外形多为筒式或套筒式。筒式设备的各功能区是上下分层布置的，污水以升流方式依次流经厌氧区、好氧区和沉淀区；套筒式设备各功能区水平布置，内筒一般为厌氧区，中筒为好氧区，外筒为沉淀区，污水由内向外依次流经厌氧区、好氧区和沉淀区。

而 A$_2$／O 工艺脱氮除磷效果好，适合处理含复杂有机物和氮组分的工业废水。由丹麦开发的一体化 OCO 设备是一种变形的 A$_2$／O 套筒式设备。曝气池由三个相互连接的圆形结构和带有半圆形隔板的结构组成，里圈、外圈隔墙为圆形，中圈为半圆形，分为厌氧区（内区）、缺氧区（中区）和好氧区（外区），水流循环不需泵，由每区水下搅拌器控制水的混合程度。李德豪等在此基础上发明了一体化膜泥法 OCO 污水处理装置，主要特点是将二沉池合建于 OCO 反应器中，实现污泥的自动回流，同时减少投资和运行费用。该设备的除磷效果良好，除磷效率可达 90% 以上。有学者将一体化 OCO 设备进行了改良（即一体化 MOCO 设备），分别将半圆形隔墙的两末端延伸 60°，使隔墙弧度增至 300°，加大了缺氧区的有效容积，减少了混合区的体积，脱氮除磷效果较 OCO 工艺明显提高，活动导流墙代替了回流搅拌器，明显降低能耗。

针对不同类型的废水，一些 A／O 或 A$_2$／O 装置多与活性污泥法或生物膜法结合，或科学地在厌氧段或好氧段的前、后加上其他处理工艺，以强化处理效果。

（七）其他一体化污水处理设备

除上述一体化污水处理设备外，将各种物理、化学与生化反应相结合的一体化设备也开始出现。一体化生物电化学反应器（BER）就是典型的代表，它将电凝聚和电气浮等电化学反应与生化反应相结合，在去除水中的有机物、细菌、有毒重金属和其他毒物的同时，还能降低浊度。Gonzalez O 等用 Fenton-SBBR 一体化设备处理含抗生素废水，实验结果表明，当 SBBR 水力停留时间为 8 h 时，总碳去除率可达 75.7%，氮的去除效果也良好，利用该设备处理抗生素制药废水是一种有效的方法。

一体化污水处理设备因具有结构紧凑、占地小、投资及运行费用小、工艺简单、处理效果好等优点，在城市排水管网难以覆盖的区域具有广阔的应用和推广前景。一体化污水处理设备采用的处理工艺较多，针对不同类型的污水，可以合理地组合各种工艺进行设计。纵观现有的一体化污水处理设备，笔者对未来一体化污水处理技术的研究提出以下几点建议：

（1）应强化一体化污水处理设备脱氮除磷的功能，减轻河流、湖泊等水体富营养化的污染形势，以保障居民饮用水的安全；

（2）现有的一体化污水处理设备多是几种传统工艺的结合，仅仅实现了结构上的一体化，存在着设备过多或结构不紧凑等缺点，今后应在工艺的选择和结合方面多做研究，设计出工艺更加合理、结构更紧凑、去除效率更高的一体化污水处理设备；

（3）今后的一体化污水处理设备应向着高度集中化、自动化、系列化、成套化等方向发展，最终实现一体化设备的现代化。

第三节　污水处理设备的维护与保养

污水处理设备的运行情况能够直接影响污水处理工作的开展，为了让其处于稳定运行的状态下，应该重视运行管理和维护。本节重点分析现代化污水处理设备的维护和保养策略，结合当前污水处理设备维护和管理的问题进行简要分析，明确创新化的方案，以保证污水处理设备可以正常地运行，满足污水处理工作的实际需求。

如今，水污染成了威胁人们身体健康和生命安全的一大杀手，采取何种方式规避水污染的问题，保障人们的生命财产安全成为当前备受瞩目的焦点问题。为处理水污染的相关难题，污水处理厂应用了相关的设备，但因为某些污水处理厂在设备运行管理上并未给予高度的关注，使维护工作中出现诸多的问题，直接影响污水整体的处理效果。

一、现代化污水处理设备维护和保养的问题

设备运行管理和维护属于一项重要的工作，是确保设备稳定运行且正常工作的关键。通过落实科学化的故障处理方案，可以保证运行得更加可靠，同时还能提升设备运行的安全程度。

但是结合当前的实际情况来看，很多污水处理厂对于上述提及的工作未给予高度的关

注，设备的运行管理和维护体系并不完善，加之备件并不充足、人员素质较低等，使设备运行维护和保养的成效不够明显，在实际的工作中甚至存在敷衍了事的情况，导致设备的具体运行效果大大降低，且极易出现意外事件。

二、现代化污水处理设备的维护与保养的具体策略

（一）重视现代化设备管理模式

1. 制定管理的基本内容

在设备的选型、安装以及维护、运行等不同的方面加以分析，制定更为细致的管理内容。重点涵盖：对设备进行科学的选用，将保养和检修细节加以落实，依照实际的需要和生产的可能性，完成设备的更新改造，促使技术上得以稳步提高。还需注重保养、润滑和验收等制度的构建，完善设备管理档案，制定出故障排除预案，组织专家积极地摸索并构建现代化管理模式，使全体工作人员树立安全防范意识，重视自身水平和技能的提升。

（1）设备选型及应用。在设备选型阶段，需要重视其基本的生产效率和节能环保优势，在确保生产达标的基础上，尽可能地选择生产效率高且节能降耗明显的设备。另外，也需要关注设备本身的回收期，确保回收期短且效益高，以此才可让经济效益的提升更加明显。设备本身的耐用性是一个值得重点考虑的问题，这关系到设备的使用寿命，只有其耐用性优良，才能降低维修量，促使生产成本大幅度降低。设备的安全性是重点考虑的内容，需要重视运行阶段的科学管理，避免引发人身伤害事故。

（2）工作职责的明确。设备管理人员是参与维护和保养工作的主体，其负责着编制设备运行和维修管理方案的重要任务，年度检修以及备品配件的购置计划也在其工作范围内，需要清楚自身的职责权限。运行人员的职责是按照操作岗位的责任制度以及操作规程等落实工作内容，并参与到设备运行规程的制定。

2. 确定最理想的运行方案

操作工在运用污水处理设备时，需要及时地阅读相关的说明书，针对设备的具体型号以及操作规范等加以判断，了解电气原理图和线路图等。管理人员应该熟悉上述的相关内容，若是备品的关键易损件缺失，必须要及时地组织专业人员测绘并留档。根据设备的实际使用性能，应该科学地选用相关的设备，污水处理厂多是使用活性污泥法处理，使设备常常处于不间歇的状态之下，由此加剧了设备损坏的可能性。需要依照污泥处理法的具体使用技巧，结合设备性能进行判断，做到规范化的使用，以减少设备低效以及无效的运转。比如，依照进水量和出水水质等确定设备的实际运行方案，合理地节省有限的能源，降低设备磨损率。

3. 注重备品备件的计划管理

设备管理部门需要定期地将备品的配件计划合理地上报，避免受备件问题的影响，使设备维修和保养受阻。对于不易采购的国外配件，应该适当结合国内情况分析，优先考虑

国内配件的可替代性。若是国内的配件无法替代，需要及时地组织专业人员测绘和制作，或者交由具备生产能力的厂家定制。提出科学的保养意见，同时结合年度大修计划中的备件配件清单详细地考量。备件计划管理是确保生产稳定运行的前提条件，应该适当减少备件的具体储量，在源头上控制成本的支出和资金的占用。为让库存更为合理，应该积极制定出《备件计划管理规定》《备件管理工作目标》等详细的制度条例，以保证相关工作的开展有据可循。

4. 落实员工培训教育工作

为保证污水处理设备的功能可充分地发挥出来，相关工作人员必须要接受专业的技术训练，在对现代化污水处理设备的使用中，彰显实际的操作技能水平，保证符合"四懂""三会"的标准。借助于具体的考核方案，使员工的责任感得以提升，操作者应该经过考核之后，方可持证上岗。还需要定期组织相关人员进行学习，购买专业书籍和刊物，主张工作人员积极进行交流，凸显出良好的氛围。在现代化污水处理设备的应用中，时常发生操作人员违规操作引发的安全问题，需要积极宣传安全维护制度和保养制度，定期安排专家参与到现场指导工作中，对于违规操作人员给予批评或者是经济处分。

（二）落实现代化设备的保养及维护

1. 制定设备预修制度

在日常的维护和保养中，应该重视科学的保养手段，适当地减轻设备的磨损程度，避免因小失大。重视先维修、后生产的原则，避免设备带病运转。注重专业修理与操作维护相互结合的方案，以确保设备能够平稳运行。

2. 优化维修队伍建设

应该积极构建专门的职能部门，将各方主体的责任进一步明确，做到各司其职。合理地组建专业队伍，保证其可以及时地设置快速反应机制。制定出科学的设备保养及维修计划，将设备的试运转和测试等落到实处，针对相关的问题，应该科学地进行分析和分类。将全员的参与积极性明显强化，借助网络资源，构建设备群管网。对于设备的管理以及维修人员，应该制定出科学合理的经济责任制，并确定合理的工作考核指标。

3. 推进巡检工作

应建立专业的巡视小组，以厂领导、设备员和操作人员共同组合而成，不定期地展开巡视工作。将点检以及面检作为重要的方案，保证设备始终处于稳定运行的状态下。日常点检需要间隔 1 ～ 2 小时检查，重点将加油点、油位等部位进行工况分析，交由当班操作工落实实际的行动。运用包机制巡检手段，维修工应该依照中、早、晚各一次的检查模式开展工作。运用看、触、听等方法检查设备的情况，了解设备的密封以及紧固的状态等。点巡检中如果发现严重的问题，应该及时记录，待分类处理之后，方可上报给厂领导和设备技术人员，方便采取合理的应对策略。面检必须要每月开展一次，主管领导组织设备管理以及技术等工作人员进行全面的检查。对于检查中发现的问题，需要制定出科学的应对方案，不同的部门需要协调落实。

4.明确维护的内容

在日常保养中，应该交由操作工落实好清洁和检查的细节，将其视作交接班的基本内容之一。一级保养是对易损零件的检查和保养，清洁、润滑和重点拆卸等属于基础内容，在维修工的合理指导下，由操作工落实；二级保养是相对复杂的检查和修理，其中包括零部件的更换以及修复精度等。小修为局部性的修理，重点是小范围地进行更换和调整；中修是计划性修理，通常 1~3 年进行一次，重点是对主要部件进行更换和维修；大修则是由专业厂家完成的工作，设备解体和检查等属于基本的工作内容，同时还包括重新组装及外表喷漆。

综上所述，需从根本上加以分析，制定出科学合理的方案，规范污水治理的过程，通过科学化的设备以及维护、保养思路，污水处理的效果更加显著，让人们的用水安全得以保障。

第四节　MBR 一体化污水处理设备

保护生态环境、实现经济发展与环境的和谐相处是近几年国家强调的重点。由于我国人口众多，在水资源保护和利用形势上一直比较严峻，并且随着工业和人居生活用水量的增加，污水排放量也与日俱增。传统的污水处理办法已经不能满足当下现实的要求，为了改善这一问题必须从实际出发，研发适合不同行业的废水排放的高效率、低成本的废水处理技术。用 MBR 一体化污水处理设备处理污水就是当前应用效果良好、发展前景不错的方式。

一、水质污染物的主要来源

水质污染来源主要为生活污水、工业废水等，水质中含有大量的 C、N、P 及 SS，然而，在排放时与周围其他水体或雨水相混合，使河道污染量极大，对环境造成危害，尤其是一些工业废水任意排放，造成的污染危害更严重。

二、MBR 工艺简述

MBR 又称为膜生物反应器，是一种由膜分离单元与生物处理单元相结合的新型水处理技术，一般活性污泥法是最适宜目前国内污水排放的方法，将 MBR 与活性污泥法相结合，生成一种新的污水处理设备是未来该行业研发的重点。MBR 工艺通过将分离工程中的膜分离技术与传统废水处理技术有机结合，有效地提高固液分离效率及生化反应速率，同时减少污泥产生数量，从而解决传统活处理工艺存在的许多突出问题，为解决回用水质问题提供重要保证。MBR 按照不同结构可以分为平板膜、管状膜和中空纤维膜。

三、MBR 的工艺类型

根据膜的组件和生物反应器的不同组合方式，可将 MBR 分为分置式、一体式以及复合式。

（一）分置式

分置式是最常见的工艺类型，将膜组件与生物反应器相隔开，从分置的角度实现仪器的功能作业。首先生物反应器中的混合液经循环泵不断地增压后会由于力的控制被压到膜组件的过滤段，然后在压力不断增强的基础上，混合液中的液体透过膜就成为需要被处理的废水。其中，固形物和一些形状较大的物质必然会被膜格挡，这些未透过膜的物质会随浓缩液再次回流到原先的生物反应器中。这种分置式的工艺类型优点是运行稳定、可靠性强，并且设备多次使用后清洁保养方便，并且膜的通量一般是比较大的，而它的缺点也比较明显，通常为了降低大分子聚集物在膜表面的沉积概率，会延长膜的清洁周期，这样设备在不断地运行中需要循环泵提供更高的错流流速，水流循环的速率加大在泵的高速旋转过程中产生的剪切力会使本身存在的一些微生物菌体逐渐失活。

（二）一体式

一体式与分置式完全相反，它会将膜组件直接设计到生物反应器的内部，当水进入设备后，大部分的污染物会被膜中的混合液去除，利用活性污泥的吸附性和外压的强作用使膜逐渐过滤出水。这种类型的工艺省去了一些复杂的步骤，它依靠抽吸出水，对能耗的需求小，并且设备占地更为紧凑，在污水处理领域格外受关注。不过这种一体式的膜通量比较低，当长期使用后附着在膜表层的污染物不易清洗。

（三）复合式

复合式的工艺类型不常用，是比较少见的工艺，它的原理也属于一体式的膜生物反应器，与前两者不同的是它更倾向于在生物反应器中添加物料，实现复合式生物反应器，从原理上看，它是以改变反应器的某些性状实现作业的。

（四）MBR 一体化污水处理设备的工艺特点

与传统的生物水处理手段相比，MBR 一体化污水处理设备主要有以下特点：首先从优点上看，它的出水水质比较稳定，由于 MBR 膜的高效分离作用，能使设备在作业时最大化地发挥其分离效果，处理后的水非常清澈，悬浮物和浊度接近于 0，污水中的细菌和脏污基本被去除，出水的水质完全优于建设部规定的生活杂水用水标准，同时也可以直接作为非饮用市政杂水进行回收。利用 MBR 的膜分离技术使污水中的微生物基本被截留在生物反应器中，这对水质的维护以及水内微生物的利用是非常到位的。除此之外，MBR 一体化污水处理设备的剩余污泥产量少，一体化设备能保证其在高容积负荷中平稳运行，进而维持污泥产量。其次，它的局限性也是显而易见的，由于 MBR 的特殊性，它的膜造价很高，如果城市建设中打算以 MBR 为基础建设一体化污水处理设备，则需要面对前期投入比较高、回本慢等问题，且 MBR 中的膜在分离过程中必须保持定量的膜驱动压力，对 MBR 池中的 MLSS 浓度要求也相当高，因此，MBR 一体化污水处理设备的能耗比传统污水处理工业相对高一些。

四、MBR 一体化污水处理设备的应用

（一）MBR 一体化污水处理设备的运行过程

MBR 一体化污水处理设备主要包括调节池、厌氧池、兼氧池、好氧池、MBR 池、风机、MBR 出水泵、提升泵、回流泵。设备处理过程有以下几个步骤：首先，在调节池进水口处设置一道固定的格挡，格挡物由固定粗度的格栅网和细格栅构成，然后将从各处收集的污水放入调节池中，格挡部分会自动拦截污水中的大颗粒分子和悬浮物质，防止这部分进入后续处理池，避免出现设备故障。污水进入调节池后，被调节池中的两台潜污泵影响，通过自动液位控制器自动控制水泵的运行，经过调节池的调节均匀污水的水质，调节完成后由提升泵将污水推入厌氧池。污水进入厌氧池后会进行厌氧处理，厌氧处理是在 A_2/O 工艺的基础上进行的，在厌氧池中前置一个厌氧段，污水进入池中由厌氧反应器调节，释放出磷等物质；然后进入厌氧反应器的第二阶段，污水中的硝化液在缺氧反应下发生硝化作用，释放出大量的氮气；最后进入厌氧池中的好氧段，对污水中的有机物进行高效降解和吸收。在厌氧阶段主要以释放有害物质为主。厌氧处理过后以溢流的方式依次流经兼氧池、好氧池、MBR 池，进行生物膜过滤，最终通过 MBR 池中的出水泵将污水排至整个设备管道的外面。风机是对污水进入调节池后进行不同程度的曝气，在厌氧池、好氧池中污水的含氧量不断变化，每个阶段水中微生物状况也各有差异，利用风机是希望调节每个阶段水中各成分的协调性，当所有程序结束后，使处理过的污泥流回厌氧池中，其整个过程由电力系统控制。

（二）MBR 一体化无数处理设备的效果

污水中的污染物主要有三种：第一种是有机污染物，譬如按照化学需氧量的标准测定污水中的易氧化物质；第二种是无机营养盐类，譬如污水中的氮和磷；第三种是悬浮物，譬如泥沙、微生物、黏土等。这三种污染物在处理过程中必须有针对性，而 MBR 一体化污水处理设备中能很好地解决这些问题。比如，污水中的有机污染物需要依靠物生物的吸附和新陈代谢完成水域污染物的分离，这些在 MBR 池能直接解决，膜生物反应器中的吸附性可以实现有机污染物的处理，原污水中的可生化性直接影响有机污染物的种类。无机营养盐可在厌氧池、兼氧池、好氧池中完成，去除水中的氮需要在这三个池中准备好好氧硝化反应和缺氧硝化反应两个过程，有机氮很快就在系统中被水解成氨氮，在兼氧池中有充足的氧气，其中的亚硝化细菌和硝化细菌会进一步地将氨氮氧化分解成硝酸盐氮和亚硝

酸盐氮。再到后期将这两种物质进行无氧处理，氮气基本就被分解了，而去除磷也需要在这三个池中，利用微生物在好氧池的条件下，把污水中的磷进行吸收沉淀分离，磷的去除相对简单一些。水中悬浮物的处理基本依靠调节池解决，主要依靠调节池中的两个格栅格挡住大分子悬浮物，这些被格挡的杂质最终由 MBR 池过滤排出。通过这一处理过程发现，MBR 一体化装置处理后水中各项指标低于国家《城镇污水处理厂污染物排放标准》，以 MBR 为基础的一体化污水处理设备完全达到应用标准。

综上所述，我们对 MBR 一体化污水处理设备有了系统性认识。利用该设备能良好处理污水，废污水经过设备处理后水质稳定，各项指标满足国家要求，且该设备占地面积少、工作效率高，MBR 一体化处理工程为更好地促进城市生活水平的有效提升，降低城镇水质污染奠定坚实的基础。在当前节能环保以及水资源应用形势严峻的情况下，MBR 一体化污水处理设备值得被大力推广。

第五节　内河船生活污水处理设备

内河船生活污水处理安装与检验工作是船舶机构最主要的把关工作。在通常情况下，为防止生活污水对河流、湖泊造成污染，要保证船舶生活污水处理达到相关标准后才能够进行污水排放，从而减少船舶对内河水域造成的环境污染。本节主要对内河船生活污水处理设备的分类进行具体介绍，进一步分析内河船生活污水处理设备安装与检验工作的具体内容。

根据近年来我国五大发展理念的总体要求来看，有效提高现代化内河水运体系发展，实现高效、绿色的发展目标，从而进一步地发展水运经济已经被社会相关管理部门重视。因此，为实现内河船生活污水标准化管理，已经对该工作制定具体的管理方案，并且切实实施到内河船水运工作中。下面对关于内河船生活污水处理设备的安装及检验内容进行具体介绍。

一、内河船生活污水处理设备的分类

从我国内河船生活污水相关文件中，可以了解生活污水处理装置主要是指在利用生化以及物化的方法情况下，降低生活污水中的 BDO 装置。一般情况下，净化方法可以分为几个类型，例如生化法、理化法等。下面对处理方法进行具体介绍。

（一）生化法

生化法主要是指在利用活性污泥对生活污水中的有机物进行分解的过程中，会使污水中的有机物变为无机物的现象，这主要是活性污泥中的好氧性微生物导致的。当污水中出现无机物以后，在采用相关的化学药品，对已经发现的生活污水进行消毒等工作，当生活污水的处理到达相关标准后，才能够进行下一步的排放工作。相关工作人员也将生化法称为活性污泥处理法。生化法具有的优点较多，例如体积小、能耗少、操作简单等。与其他处理办法相比之下，这种方法的处理效果更加明显。现阶段在我国内河船中安装的生活污水处理装置大都采用生化法。但是该方法也具有一些缺陷，例如，不能保持曝气池的供气，会导致好氧微生物死亡。

（二）理化法

理化法主要是一种使用物理机械进行生活污水处理的方法。通常情况下，理化法要将生活污水进行固液分离，这一工作结束后，再使用相应的化学药物对生活污水进行消毒工作，使生活污水在经过一系列处理后符合相关部门标准，最后进行生活污水排放以及其他循环处理工作。内河船中通常装有焚烧炉等，主要是当机械分离出污泥、残渣时能够通过焚烧炉减少残渣污染。理化法的优点是成本较低、体积小、安装方便快捷、适应性较强。理化法的主要缺点是效果较差、运行成本较高等。

二、内河船生活污水处理设备安装与检验

（一）检验依据

内河船生活污水处理装置的检验从本质上来说是一种法定检验中的附加检验，其在检验的过程中主要参照《内河船法定检验技术规则》《钢制内河船建造规范》以及其他有关于内河船生活污水装置的相关文件。除此之外，在各省份的检验依据中都要参照船舶检验局所规定的内容进行。

（二）图纸审查

根据生活污水处理相关文件《规则》中的附录部分，能够了解有关内河船初次安装以及加装生活污水处理装置时的相关图纸资料。通常情况下，在初次安装后，应主动地提交给相关船舶检查机构进行审查。在相关机构审查中，需要注意的内容主要有关于内河船生活污水处理的装置说明书，其次要审查生活污水处理处置的相关布置图以及有关于生活污水相关的应急旁通管路、标准排放接头等。

（三）核对产品证书

关于核对产品证书主要分为三个方面：第一方面，要查阅生活污水处理装置的船用产品证书，船用产品证书可以说是检验内河船上生活污水处理的关键。通常情况下，核对产品证书，其中主要包括额定处理量以及船舶相关人数。除此之外，产品书中也包括在内河船中处理后生活污水的达成标准。只有在生活污水处理达成标准后才能够进行生活污水排放。第二方面，主要是关于检查安装生活污水处理装置的型号。产品证书中主要包括内河船型号、产品编号、制造厂名等，其中最主要的是相关认可船检机构标志。认可标志主要在永久性铭牌上进行标注，一般情况下与产品证书中所包含的内容相似。第三方面，主要

是指在产品证书中关于附件上船安装之前应该检查相关材质，在产品证书中包含检验报告以及船检机构钢印。在观看产品证书时要注意其钢印是否满足相关规范要求。

（四）生活污水处理布置

内河船生活污水处理装置的布置是内河船工作运行的关键环节。通常情况下，在船舶横倾 10°，纵倾 5° 时才能保证设备装置的正常工作。生活污水处理设备，主要安装在内河船中，能够防止被雨雪等恶劣天气侵袭的地方。能够保证相关设备在工作中产生的污泥在最短的时间内安排岸上设施接收。除此之外，设备安装地点应该方便对排水进行取样工作，且具有较好的通风性能，能够有效地防止爆炸性气体入侵。内河船污水处理设备的主体以及管路附件主要安装位置应该低于便池，并且保证接近便池位置。通常情况下，安装在内河船机腔内较为合适，并且要利用螺栓将其固定在基座上面。保证基座强度，能够防止污水设备移动。设备装置四周应保持便于维修的操作通道。部分内河船中装有设贮存舱，首先要保证容积能够满足生活污水排放需求，并且位置应便于生活污水流入，且便于工作人员观察。

综上所述，内河船生活污水处理设备对水域保护具有关键性作用，因此，关于其的相关安装以及检验工作应该受到相关管理人员以及工作人员的重视，按照国家及地区相关内河船生活污水处理设备标准进行安装与检验工作。

第六节　市政污水处理设备的运行与管理

对于市政工作来说，污水处理工作是一项非常重要的内容，同时也是市政工作的基本内容之一，污水处理能够直接影响城市居民的生活条件和生产方式。在污水处理过程中，市政污水处理设备的运行与管理显得非常重要，只有做好污水处理设备的管理，才能确保污水处理工作顺利开展。本节主要对市政污水处理设备的运行与管理进行探析，希望进一步提升市政污水处理效果。

现阶段，随着城市居民生活水平的快速提高，城市污水排放量也在逐渐增加。为了更好地对污水进行处理，提高水资源的使用效率，对市政污水处理工作提出了更高的要求，如何更加有效地使用污水处理设备也成了关键问题，而且污水处理设备的运行与管理会直接对污水处理的效果产生影响，所以，只有重视污水处理设备的运行与管理，并且采取有效措施，才能进一步地提高市政污水处理工作的效率。

一、市政污水处理设备在运行与管理方面存在的主要问题

（一）缺少规范的检修与维护制度

规范的检修与维护制度能够有效地提升污水处理设备的使用期限及使用效率。所以，

在污水处理工作过程中，应该对污水处理设备的检修与维护工作加以重视，对一些零件进行定期的维护与更换，对运行设备进行实时监控，这样才能确保污水处理工作更加有效地开展。但在实际的市政污水处理工作中，往往忽略了对污水处理设备的检修与维护，更不能根据实际情况制定相应的制度，污水处理设备的检修与维护工作也是表面形式，从而增加了污水处理设备发生故障的概率。与此同时，也存在一定人为因素的影响，工作人员不能及时准确地解决设备的故障，甚至还有部分人员，为了谋取私利，在工作过程中偷工减料，降低了市政污水处理工作的效率。

（二）设备零件配置不合理

污水处理设备需要对多个小型设备进行组装，从而形成高效的处理设备，但在一些污水设备制造厂中，厂商为了降低生产成本，采用一些质量不达标的污水处理设备进行组装，还有一部分污水设备制造厂缺乏零件配置的相关意识，从而导致污水处理设备的工作效率以及效果出现问题，在进行维护与维修时，对设备中的故障零件不能及时地予以更换，这样就会严重降低污水处理设备的工作效率。同时，部分企业的管理人员，对零件的配置不够重视，对于一些零件的采购也不能给予及时的批准，造成污水处理设备无法正常使用。

二、提高污水处理设备运行管理的有效策略

（一）制定规范化的污水处理设备运行与管理制度

规范化的运行管理制度能够为污水处理设备的正常运行提供有效的保障。所以，应该对污水处理设备的运行与管理制度进行完善，在实际运行过程中，应该建立更加健全的设备预维修方案，这样才能够进一步地提高对污水处理设备的养护力度，使污水处理设备得到更加科学、合理的养护，从而有效地降低污水处理设备的损耗，提高污水处理设备的使用年限以及使用效率。同时，对于新引进的处理设备，应该先对其进行检验与维修，根据实际的使用需求进行调整，这样就能够有效地避免盲目使用带来的弊端，从而提升污水处理的效果。此外，要根据实际的使用需求，建立更加健全的污水处理设备的监管工作，形成一条动态的管理体系，这样，工作人员也能够及时地发现污水处理设备的故障，并且加以维修。

（二）加强对设备零件的管理

污水处理设备管理部门应该充分地结合污水处理设备的实际使用情况，提前准备好所需要的零件，加强对零件的管理，对于容易购买的零件，按需购买，从而有效避免堆积过多的零件。同时，在购买一些进口零件或者特殊零件时，应该提前与厂家联系，一旦发生损坏，能够确保零件得到及时的更新。在储存零件时，也要进行科学、合理的规划，避免零件受损，减少不必要的成本投入。

例如，在进行设备维修与养护时，应该对工作人员提出明确的要求。首先，在进行设

备清洁时，安排专业的人员，并且根据设备的实际使用情况选择合适的润滑油等产品；其次，在一级保养方面，应该对容易受损的设备进行超强养护，做好清洁、拆卸以及调整的工作，在二级保养方面，也要安排专业的工作人员，因为二级保养所涉及的工作内容比较烦琐，如果不能对设备进行及时、有效的维护，则会给设备带来十分严重的损害；最后，在进行检修时，应该对不同的设备进行不同程度的检修，对于大范围的检修来说，工作人员应该对设备的零件、精密度以及质量进行精准的检修，发现老化、受损零件时，应该及时更换。同时，在选择检修人员时，也要确保检修人员高水准、业务能力强，并且具有一定的敬业精神，以有效地提高污水处理设备的工作效率。

（三）提升工作人员的专业能力

工作人员的工作能力以及专业水平，能够直接影响污水处理的效果，所以，污水处理部门应该加强对工作人员的培训力度，组织工作人员进行学习，要求其能够熟练掌握污水处理设备的相关知识，并且按照操作流程进行操作，严禁出现违规操作的现象。与此同时，也要按照实际的工作情况，制定相应的奖惩制度，对于表现优秀的员工可以给予相应的物质奖励与精神奖励；对于表现比较差的员工，也要进行适当的惩处。

市政污水处理工作是城市发展的关键，而市政污水处理设备的运行管理是提升市政污水处理工作效率的重要环节，只有不断地提高污水处理设备的运行与管理工作效率，才能更好地完成污水处理工作，从而进一步净化城市环境，为人们提供一个更加干净、整洁的生活环境，提高人们的生活质量。

第七节　污水处理设备更有效、更节能化制造

随着社会经济发展，大量工业废水和生活污水不可避免地产生，造成严重的水资源浪费和水资源污染。水资源对于人类的意义不言而喻。因此，如何使用计算机技术来处理污水是当下必须高度关注的问题。本节首先明确了污水处理的重要性，接着结合国内外优秀做法，然后再通过具体实例，对污水处理设备更有效、更节能化制造的策略进行了探讨。

当前，企业工业用水和人们生活用水的总量大大增加，城市中每天都会产生大量的污水，如何在污水处理过程中实现高效、环保、经济，提高水的再利用和再循环性，保证水质安全无污染，对于水资源极度缺乏的我国来说，是一件刻不容缓的事情。为了呵护环境、处理污水排放问题，生活污水处理设备是不可或缺的设备，该设备的利用有必然的费用支出和一些外在因素的开支，为了达到节能目标，国内外已研究开发出许多污水处理设备的节能技术，特别是智能技术在污水处理设备制造中的应用，有利于降低成本，更好地优化污水处理设备，节约能源，解决污水处理这一大难题。

一、污水处理设备节能化的要求

改革开放以来，我国经济和社会发展取得了巨大成就，但我国人口、环境与城市化和工业化进程的矛盾日益突出，导致很多环境问题的出现。经济的发展带来了巨大的效益，但是不容忽视的是，之前粗放式的发展方式付出了巨大的环境成本。特别是在污水排放这一方面，需要加强节能环保技术，通过先进的技术提升污水处理能力，并且有效地节约资源，普及排污设备使用范围。从我国污水处理技术分析，主要缺少关键的自动控制技术，有很多地区的污水处理厂受地理条件和经济水平限制，没能及时地实施相关技术的革新工作，在污水处理过程中能源消耗浪费现象突出。因此，开展污水处理过程的节能优化方法研究就显得至关重要。在污水处理过程中，不仅要保证污水的处理效果，同时还要有效地降低能耗，减少污水处理成本，这也是污水处理不断发展的新方向。

二、污水处理设备制造中的节能提效策略

我国的污水处理，具有量大、复杂、烦琐的特点，所以在污水处理的过程中，要根据实际情况结合污水特点进行处理。具体来说主要分为以下几个方面的策略：

（1）提升设备一体化水平。一体化预制泵站这类设施的应用对于加强污水提升处理是非常有效的，它可以改变环境污染的程度，增强其各方面能力建设的需要，以实际开拓的能力，进一步完善其性能的优势，从而使设施真正达到实际应用的目的，扩大其整体使用的能力，增强其应用性能的体现，所以它的利用对于环境的改善是非常大的，同时也体现出了自身的使用特点。一体化设备具有处理效率高、能耗低、操作简单、维护方便、噪声低、无异味、使用寿命长等优点。很适合房产物业、小型工厂、小型医院、酒店、度假村等需要。例如，开发的悬浮生物载体填料和污水处理一体化设备，其中MBBR一体化污水处理设备是为工业污水和生活污水回用而研制的一种新型生化处理设备，将先进的MBBR工艺和新型载体填料用于该设备中，使其出水水质稳定，并达到回用水标准，可以直接用于冲厕、绿化、洗车、补给观赏水体等场合，极大地节约了水资源。在使用一体化设备时，也需要注意的地方包括要尽量地缩短生活污水处理设备的电线的线路，一方面避免了电在途中的损耗；另一方面也节约了电线，同时也要及时地断根生活污水处理设备内的梗阻。异物留在设备内会增加工作量而造成资源的浪费。

（2）加快设备的自动化控制。污水处理设备在自动化技术方面的投资相对来说非常少，但自动化技术却能明显提高污水处理设备的经济效益。实现污水处理的自动化控制，不仅可以高效降低电能的消耗，同时还可以有效地减少污水的处理成本，将能耗控制在一定的范围内。国外发达国家早在80年代初期就开始对污水的处理工作进行深入研究，充分地利用污水处理中的模型建立和自动控制理论，具有丰富的污水处理经验。在提高能源利用率方面，高效节能的动力驱动技术和自动化解决方案对于污水处理有着重要的意义。没有

压力损失的热学质量流量检测仪能够在控制调节回路中提供准确的检测实际值。在设备的能源利用优化中，老式的设备有着很大的节能潜力。而要充分地挖掘老式设备的潜力则需要有目的地汇总检测数据、对实际工况做出准确的评判，只有这样才有可能做到优化。污水处理设备的元器件在自动化技术改造过程中达到了现代技术水平的标准；另外，像曝气设备那样的自动化控制元器件在合适的调节技术帮助下也能够提高、改善能源利用率。

（3）普及设备的智能化技术。在目前已有的设备中，智能化程度偏低，各种中和液、消毒液都需要人工添加，并且设备大多都是长时间连续运行，因此每天的耗电量非常大，导致运行成本长期居高不下耗费能源。污水处理过程节能优化控制的关键在于科学合理地确定被控制量的设定值以及对设定值进行可靠的跟踪，以实时准确地调整污水处理设备的工艺参数，优化微生物生长条件、保持营养的动态平衡，从而节能降耗。计算机模拟技术，结合网络、通信、模拟、检测等方面，根据设计方案，寻找最佳的计算机操作方法，在反复模拟试验中，进行污水处理检测，排除实际运行时可能产生的各种障碍，减少实际运行与设计方案之间的差距。微电子、通信、计算机技术的发展大大提高了水处理控制系统的信息化和智能化程度，与3C技术相结合的PLC以其卓越的可靠性、抗干扰性以及灵活的控制方式成为水处理自动化系统的核心控制器，其与开放的网络通信系统一起，共同推动着水处理自动化系统的智能化程度的发展。污水处理设备可以采用智能化净化技术设计，占地少，安装方便、操作简便、应用灵活，并采用自动反洗等一整套先进工艺，整个污水处理设备配有PLC自动电气控制设备和设备故障报警设备，自动化运行，无须专人看管，成本低，从而克服了传统净水处理设备的人工操作烦琐、不便管理的缺点，达到高效、节能、自动化的投资目的。

污水处理对于我国改善生态环境，节约和保护水资源有重要意义。运用更加科学有效节能环保的技术，能够在污水处理的实际过程中减少障碍，大量节约人力、物力，降低能耗，提高效率，保证污水处理的安全、高效、稳定和环保。随着现代技术的发展，研究科学、标准、高效的节能高效技术，并应用于污水处理，是我国的一个重要议题。

第二章 污水处理厂工程施工技术的分类

第一节 污水处理厂土建施工重点

明确污水处理厂土建阶段施工的重点，并且加强其施工质量控制，主要是提升污水处理厂内部的稳定性，完善各项施工流程，实现良好的施工技术水平。因此，本节针对污水处理厂土建阶段施工的重点，以及质量控制的相关内容，展开分析和阐述。

随着现代化工业产业生产规模的不断扩大，所产生的污水、废水逐渐增多，尤其是化工厂。基于该方面，为了降低对环境质量的影响，就需要将这些废水、污水通过污水处理厂进行处理。但是由于污水处理厂具有一定的复杂性，所处理的污水和废水含有较高的化学物质、腐蚀性物质等，因此，为了确保污水处理厂内部的稳定性，加强土建阶段的施工是非常必要的。

一、施工重点

明确和掌握污水处理厂土建阶段施工重点，是保证施工质量关键，污水处理厂土建阶段施工中具体的施工重点如下：

（一）防渗漏施工

防渗漏施工是污水处理厂土建阶段施工中的一项重点内容，主要是因为建筑物水池的构造角度，并且水池壁相对较薄，再加上污水、废水中含有大量的化学物质、腐蚀性物质等，所以若是防渗漏未落实，就会导致渗漏施工问题的产生。那么，在防渗漏施工的时候，一定要确保构筑表面施工的细致化，其表面尽量不要设置变形缝，以此保证其整体性。同时，在防渗漏施工的时候，一定要注重钢筋焊接与固定，以及螺栓安装和镶嵌等方面，并且对防水涂膜系统进行完善，这样可以有效地避免渗漏问题引发的钢筋腐蚀现象，以此保证水池的稳定性；另外，一定要根据实际情况安装套管，并且需要根据相关要求，将混凝土以合理比例注入，以此保证施工的质量，避免出现裂缝现象。

（二）水池施工

在污水处理厂土建阶段施工的时候，还需要注重水池施工方面，并且做好该方面的施工，可以大大地提升污水处理厂土建阶段的施工质量。那么，在该方面施工的时候，需要从以下几个方面展开：①需要严格根据流程，展开水池的敷设和设备安装，并且需要对预应力方向进行明确，这样可以有效地降低绞扭问题的产生，避免外来荷载对水池的影响，确保良好的施工质量。②在锚具安装的时候，需要根据锚具的形态做好防护措施，这样主要是提升钢筋的耐久性，实现良好的施工质量。同时，在施工的时候，预应力钢筋需要锚固在工程混凝土结构中，并且需要将钢筋的张拉断丝设置在混凝体系内部，这样可以很好地起到牢固的作用，避免出现移位的现象，确保其稳定性，实现良好的施工质量。

（三）预埋管以及孔洞预留

预埋管以及孔洞数量相对较多，因此，在污水处理厂土建阶段施工的时候，该方面具有一定的复杂性，所以应当将其作为施工的重点。在施工的时候，一定要保证位置与标注相同，主要是因为一旦产生误差，就会影响污水处理厂土建工程中工艺的使用性能。同时，在放水管施工的时候，一定要根据相关标准，对套管内径尺寸，防水翼环宽度、厚度等方面进行确定，并且针对套管安装的时候，采用焊接进行固定，这样可以有效地避免移位现象的产生。

二、施工质量控制

在明确各项施工难点以后，为了确保污水处理厂土建阶段的施工质量，采取必要的施工质量措施是非常必要的，具体的施工质量措施如下：

（一）施工前

做好施工前的质量控制是提升污水处理厂土建阶段施工质量的关键，那么施工前的施工质量控制内容如下：①需要对施工方案进行严格的控制，基于施工方案展开各项施工作业，以此满足各项施工工序的规范性；同时，由于污水处理厂土建阶段施工现场相对较为复杂，因此，在施工质量控制的时候，需要对施工现场进行勘察，并且结合勘察情况对施工方案和计划进行掌握和实施，以此保证污水处理厂土建阶段施工质量；②针对施工材料，需要做好施工材料的质量检验工作，避免施工材料引发施工质量问题。同时，需要根据施工的需求，对施工材料进行二次检验，以确保施工材料符合施工要求。另外，还需要对施工设备进行全面的检查，确保各项施工可以有序地展开，避免各项施工质量问题的产生。

（二）施工阶段

施工阶段是污水处理厂土建阶段施工质量控制的重点，主要的内容如下：①施工人员、管理人员、设计人员等一定要做好技术交接工作，并且需要加强施工检验工作，确保各项施工环节展开的合理性，只有各项施工技术落实到位，才能展开下一项施工环节，以此保证其施工质量；②一旦出现施工质量，并且问题相对较为严重的话，需要立即停工进行处理，等到问题解决以后，才能继续施工。

（三）施工后

在各项施工完成以后，需要根据各项施工数据、施工方案等方面，进行二次施工质量检验，这样主要是保证其施工质量，也满足污水处理厂的需求。同时，需要针对施工材料缺失的内容进行补充，确保各项数据和资料的完整性，为后期的维护提供相对便利的条件。

污水处理厂土建阶段施工与其他工程施工有着很大的不同，因此，在污水处理厂土建阶段施工的时候，为了保证其施工效果，一定要掌握其施工重点，例如：防渗漏、预埋管以及孔洞预留、水池施工等方面，并且还需要采取有效的施工质量控制措施，避免污水处理厂土建阶段施工问题的产生，提升其施工质量，以改善污水处理厂内部空间的稳定性。

第二节 污水处理厂施工技术优化

本节主要结合自身的实践工作经验，重点讨论污水处理厂施工技术等存在的一些问题，并进行简要的分析与总结，提出了相应的解决措施。

随着经济世界化的发展，国内经济建筑飞速前进，城市化的进程不断加快，城市居住生存、制造废水的处置日益受到人类关注。国内已经具备了处理污水的先进技术，污水的解决措施以及管制程度也相应地不断完善。在废水处置厂的策划以及建筑措施部分，必须使用专业措施进行污水处置。针对废水处置厂的建筑措施，大多能够策划很多类型，不过只要建筑方法确定之后就不好改动，要不然对整体项目的建筑速度以及经济利益都存在不良作用。因此，废水处置厂的建筑项目要求建筑单位，对于废水处置厂的特征，综合各部分的能源，改善建筑方法，在建筑的科学性以及经济利益上获取双赢的宗旨。

一、废水处置厂建筑措施改善重点

（一）混凝土配件模板

模板的改善重点包含：模板间连接缝隙不大、模板外表整洁平整；模板的强度以及韧性都属于优良；模板的重量较轻，方便安全建筑以及建筑品质；模板需求导热因数不大，能够防止砼配件内部以及外表的温度差异太大致使缝隙出现；还有模板能够多次重复进行使用，有助于项目经济利润的提升。

模板建筑时要根据下面的程序开展：第一，开展建筑的预备作业，其中包含器具、模板、攀爬装置和模板的稳定；第二，确定位置放线，同时装置好模板的位置进行稳固；第三，装置模板同时按照图纸调节模板的大小以及方位；第四，装置稳定之后，建筑工作者、监管单位开展检验；第五，灌筑结束后，根据有关标准进行拆除模板同时打扫模板外表。

（二）混凝土混合比

对水泥的需求是尽可能地使用一个牌子、一样型号的种类。并且水泥必须达到相应的强度、颜色正没有别的杂质、水化热不高等标准。混凝土也必须根据有关的标准开展选用，砂石等集料的配置、颗粒大小还有含水必须严格操作，通过实验确定最佳的混合比。在砼内加入适量的添加剂能够完善砼的建筑功能，因此，在废水处置厂的建筑中也要根据状况，加入一定量的添加剂，能够提升砼配件的强度以及抵抗裂缝的性能。

（三）止水配件

止水位置的竖直伸缩缝隙的建筑品质需求，针对橡胶止水配件要使用拉长功能最好的配件，所使用的橡胶材质止水配件可以随着构筑物的不匀称而拉长但是不会出现缝隙，同时，在温度差异大时也不会因为温度应力出现缝隙，能够符合封闭防水的宗旨。

止水配件的水平建筑缝隙的建筑品质需求，大多使用钢板作为止水物料，由于其防水性好，建筑时能够根据现场建筑环境的需求对止水带开展连接加长，建筑措施便利；钢板物料的止水带和别的物料止水带相比，形状不会出现改变，便于稳固，大多在下端使用螺丝开展支撑，上端使用钢筋连接把它稳固到池壁上。

（四）支护结构设计

支护结构的优化设计时需要综合考虑相关的结构的稳定性问题，其中包括重力式挡土墙、桩基受水平力和竖向力、污水处理时对挡墙以及施工的质量及安全等问题。

（五）玻璃钢夹砂管道设计

污水处理的排水管道采用玻璃钢夹砂管具有较多的优点，主要体现在单价低、质量轻、施工技术简单、水环境下性能优良且具有较好的抗腐蚀性能等。玻璃钢夹砂管道系统又是一种柔性的管道，这种管道系统的施工质量对于整体的排水管道的性能影响很大，需要设计人员做好其结构的设计。

（六）管道压力设计试验

管道压力设计进行优化试验，其目的就是检验管道与管道连接是否满足排水压力的要求，有无漏水的情况出现是检验其能力的重要指标，以及混凝土止推块是否满足推力的要求。在试验过程中，需要反复进行不同工况下的压力测试，最终得到最优的工况压力，在此情况下结合管道的尺寸、水头高度、检验区链接数和水利用率等因素得到管道系统的最优压力值。

（七）污水预处理与一级处理设施的选用要点

细格栅是污水处理设施的预处理工序的主要设施，其目的就是去除污水中的浮渣，以利于后续处理工作顺利进行。如果采用的是 SBR 处理工艺，而不设置曝气沉淀池时，细格栅是预处理工序的唯一选择。

沉砂池是污水处理厂中的重要设施之一，常用的有旋流沉砂池与曝气沉砂池两种。一般设计人员都采用旋流沉砂池，因为它具有占地面积小、投资少以及维修简便等优点，但也具有沉砂效果不够理想、不能取出油脂和浮渣的缺点。

初沉池是污水处理厂中的常用处理设施，因节能性和经济性好而广受人们的喜欢。但一般设计上尽量地避免使用初沉池而多保留一些碳源。只有在处理合流制的污水时，不能避免使用初沉池，使用该设施可以有效地降低水流的污染程度，并降低后续的污水处理工序的水利负压，有利于节约处理费用。

二、施工管理优化要点

（一）技术优化管理

污水处理厂的施工管理优化首先在施工的准备期进行优化管理，其目的就是为施工实施阶段创建更为有利的施工环境，使施工过程更为顺利地进行。这个准备期的主要工作就是根据建设工程的特点进行分析，安排设计好施工进度，并根据施工质量要求和施工的条件编制好科学的施工组织文件，结合施工客观条件、经济合理性确定最优的施工方案，在施工实施前组织好人力、物资以及技术方面的条件，确保后续工作顺利进行。

污水生化处理过程的优化控制：进入 20 世纪 90 年代以后，许多学者把研究的重点放在城市污水处理厂的计算机模拟和控制方面，常用的方法主要是基于溶解氧目标值的 PID 控制，以建立高度自动化的污水处理厂，实现对现场设备的监控，确保污水处理工业和设备能够长期安全可靠地运行。但是由于污水生化处理过程的非线性、时滞性及溶解氧目标值时变性，PID 控制很难跟踪溶解氧目标值。在 PID 控制基础上发展了变增益的 PID 控制、模糊 PID 控制及神经网络自动诊断、模糊专家控制等智能控制方法，使系统及过程控制和科学管理于一体，对设备的正常运行、自动化控制的提高和管理水平的发挥有着重要作用，并可大大地降低操作人员的劳动强度，改善工作环境。

废水处置中必须加强对环境的保护，探索解析不一样的环境构成，特别是技术环境下废水处置程序，综合排水费用和处置费用，建立评估制度，按照最佳原理，获取价值系数下的最佳值。同时，据此明确这项数值下技术的标准值，不仅能够改善废水处置过程的有关数据，同时还能够实现节约能源保护环境的宗旨。

建筑执行程序中需要管制工作者在指点废水处置厂建筑工程的建筑筹备和建筑措施的根本实质时，加强建筑品质需求，严格根据明确建筑进度操纵建筑时间，同时严格操纵建筑费用，在确保安全建筑的环境下，符合合理管制的宗旨。

（二）变更文件管理

项目变更是项目建筑中不可或缺的一部分，其结果和建筑收益有着直接关系。需不需要进行项目变更，必须要想到变更是不是对项目建筑速度更有帮助，是否能够节省成本，是否能够增收建筑效益，对其是否产生影响。

在现在社会市场经济的条件中，建筑单位必须经过增强自身的管制程度和技术水平，改善建筑措施，确保建筑品质，提升建筑工程的经济利益。提升废水处置厂的废水处置性能以及处置成效，推动废水处置企业的发展、加强环境保护在污水处理中的重要影响。

第三节　污水处理厂施工及设备安装

污水处理厂通常土建部分较为庞大，管线和设备诸多，施工难度较大，往往需要专业技术高的人员进行施工和安装。本节简要探讨了污水处理厂土建部分施工和设备安装方面的技术要点。

随着我国城市人口的不断增多，城市生活污水量也不断加大，并且近年来我国对环保的要求也越来越高，要求城市污水须经处理达标后方可排入河流及水体，因而近年来我国也新建了大量的污水处理厂。污水处理厂往往具有规模庞大、设备较多、土建与设备安装结合紧密等特点，这些都给污水处理厂的施工带来了一定的难度。

一、合理确定污水处理厂的施工方案

污水处理厂应制定切实可行的施工方案，以保证施工质量、控制施工成本及施工进度。污水处理厂的池体构筑物较多，如进水泵房、粗格栅、细格栅、氧化沟、消毒池、出水泵房等，应合理地安排施工工序，遵循先大后小、先深后浅的施工原则，根据工序来做好施工人员及机械设备等的安排和调度。施工前一定要制定科学的施工方案，做好相关的质量问题预防措施，由于污水处理厂的构筑物较多，施工较为复杂，其施工方案包括地基处理方案、进水泵房施工方案、模板支护方案、混凝土施工裂缝处理方案等。污水处理厂的施工应注意做好土建与设备安装的配合，还应该做好各个构筑物的施工防裂缝防渗漏工作，池体一旦出现渗漏，将会产生重大隐患，严重影响污水处理厂的正常运行，所以制定施工方案时应重点做好混凝土的浇筑、养护及防裂缝施工方案。污水厂的地基及土方开挖方案、场地平整方案、施工便道布置方案、混凝土浇筑及养护方案、设备安装技术方案等，都应该经过专家的论证，以确保整个工程施工和安装有序地进行。

二、做好土建施工同设备安装之间的协调工作

污水处理厂由于工艺复杂，特别是一些大型的污水处理厂，常常会用到进口设备，进口设备未到货之前，施工单位常常依据图纸进行施工，而进口设备运到现场之后，常发现其尺寸同土建部分不符，造成返工现象。所以，施工之前应加强施工图纸的会审工作，应要求设计人员提供设备（尤其是进口设备）的样本或其他资料，以便准确处理设备同土建之间的关系，防止尺寸上出现差错。如施工中安装细格栅时，施工图纸上给出的是 1m 宽

的尺寸，但实际格栅进场后，有1.1m宽，只有对渠壁进行剔凿处理后方能进行安装，这无疑加大了施工的工程量，并且可能破坏混凝土的结构，所以应提前确认设备的具体尺寸。

除了设备的尺寸之外，还应弄清设备的外形，如某污水处理厂中用到的巴氏计量槽，设计图纸中显示的巴氏计量槽的槽板外没有加强肋，但实际采用的巴氏计量槽槽板外设有肋板，因而，需要对槽基础的钢筋砼结构进行改造，增加工程量，影响施工成本和进度。所以对于这种情况，在能够满足土建单独施工时，可先不进行该部分的施工，等到设备到货后再根据其具体情况进行土建部分的施工；不能单独进行土建施工的部分，应先同设计方沟通协调后才能施工；如果是必须施工的，在设备信息不足的前提下，可在设计院认可的情况下，适当放大相关部位的预留尺寸。

三、做好管道标高的控制

在图纸审查阶段，应检查图纸中的管道坡度设置是否合理，是否存在倒坡或坡度过小的问题，因为提升泵后的污水基本都靠自流，若管道坡度设置不合理，可能会相对减小污水管道的过流能力，坡度过小会减缓流速，使管道中出现污泥沉积。还应审查管道节点处标高是否矛盾，因为污水处理厂通常有给水管道、雨水管道以及大量的污水管道，当这些管道出现交叉时应复核它们之间的间距满足设计要求与否，是否能够满足管道先后工序施工的需要。

在管道施工时，应做好现场水准点的复核和保护工作，并且要严格依据设计图纸进行施工，确保管道安装标高偏差不得超出允许的范围，以免影响其他部位的正常施工。在施工过程中还应认真对待对管道标高的变更问题，如果需要变更时，应考虑变更的管道对相关工程的施工影响。

在施工管理过程中还应该注意做好整个场区标高的控制，防止场区标高变化而导致管道覆土不够，使道路路面碾压施工过程中造成管道损坏。所以，当场区的标高出现变化时，应考虑其对管道及其他构筑物设施的影响，同时做好场区的标高控制工作。

四、做好预埋件或预留孔洞的施工

由于污水处理厂中的管道和设备较多，为了确保它们能够顺利衔接，构成一个整体进行运转，必须进行预埋件和预留孔的施工。预埋件和预留孔应保证预留位置准确，尺寸符合要求。设备安装工人应在土建施工之前对施工人员进行交底，使其了解设备工艺参数及安装要求，以便土建施工人员在施工时对埋件的控制要求有个大概的了解，减少预埋件出现施工偏差的问题。对于固定螺栓安装在预埋件上的施工问题，施工中常将设备固定螺栓直接焊接在埋件上，等到浇筑混凝土时再固定，若施工中控制不当，便可能导致固定螺栓和设备上的螺栓孔位置对照不齐，需要进行返工。如某污水处理厂的进水泵房闸门施工中，厂家提供的预埋板上自带螺栓，土建施工安装图纸定位埋件后，浇筑混凝土时使预埋板发生移位，使闸板门不能与之对应，不得已又将螺栓割掉，重新定位焊接。所以，安装设备的固定螺栓，先下埋板后栽螺栓，可确保设备与其顺利对接，并且降低施工难度。

五、做好混凝土构筑物的施工

（一）做好模板支护工作

应选择板面平整光滑、幅面大、拼缝小、耐水性好、强度高的模板。应确保各控制轴线位置要准确，尤其是要控制好圆形构筑物的轴线位置，如圆形的二沉池等，以保证刮泥机等设备的正常运转。用预埋式对拉螺杆对模板进行固定，模板内预埋构件准确，防止二次凿开修补；并且在拉杆上沿垂直方向焊三道止水钢片，中间一道位于拉杆中间，在外侧两道止水钢片处贴一块木垫片，等到闭水试验后再去掉，用环氧树脂砂浆补平。拉杆的预埋位置要准确，按照 60 cm×60 cm 的间距进行布置，以确保模板满足施工强度要求。拆除模板时不能强行撬动，应在浇筑混凝土 72 h 后，切割对拉螺杆，切割后对螺杆进行防腐处理，以防锈蚀，切割螺杆后拆除模板。垂直伸缩缝采用橡胶止水带，因为其延伸性能好，随结构不均匀微沉降也不至产生裂缝，有效形成密封防水效果。水平施工缝采用钢板止水带，其不易变形且便于固定，钢板止水带按要求加工成一定的长度，便于现场的安装和焊接。用夹板将橡胶止水带固定，以防施工中止水带移动，支模时不得在止水带上穿洞用铁丝固定，止水带不得采用冷搭接，并且要保证止水带为一条完整的。施工缝的处理按设计要求处置，正确埋设止水钢片，封模前将施工缝处的渣滓予以清除，还应做好防水处理，以防止下雨而影响施工质量。

（二）混凝土的配制及浇筑

混凝土应严格控制好原材料，水泥应选择安定性和强度好的低碱、低水化热的品种，严格控制好骨料的粒径、比例、含水量，加入适当的外加剂和防水剂有利于提高混凝土的抗裂性能。外加剂的掺量为水泥掺量的 6%～8%，加强带或后浇带为 9%～11%，应控制好每盘的掺量，并且安排专人进行监督。浇筑混凝土之前应按照设计的配合比进行配合比试验，还应该检测外加剂与水泥相容性，防止出现不良反应而影响混凝土的质量。混凝土浇筑之前，应制定好浇筑的施工方案，以确保浇筑的施工质量。浇筑混凝土时搭设输送泵的输送架时，应注意不得将其与模板的支撑架混搭，以防输送混凝土时震动而影响模板，影响混凝土的浇筑质量。控制好混凝土塌落度，以防输送不顺畅而造成堵管现象；浇筑时控制浇筑速度，防止混凝土浇筑速度过快产生爆模；混凝土搅拌站应合理选择，确保混凝土供应量，防止混凝土供应不顺畅而导致施工裂缝。

（三）加强混凝土的养护

混凝土裂缝可分为微观裂缝和宏观裂缝，前者多为凝结过程中的收缩导致的，由于这类裂缝为非贯穿性裂缝，所以基本不会造成渗漏；宏观裂缝是肉眼可见的贯穿性通缝，会造成渗漏，这类裂缝多由材料、施工、养护不当等方面导致，所以应针对这些方面进行预防。由于泵送混凝土塌落度较大，容易造成收缩徐变，增大混凝土内外温差，极易出现温度裂缝，所以应该加强混凝土的养护工作，特别是厚度较大的大体积底板混凝土的施工，可在施工过程中在其内部埋设导管，并在后期用冷水流通，降低内外温差，为保持混凝土处于湿润状态，还应在浇筑后在其表面用覆盖材料覆盖。拆除池壁模板前应带模养护一段时间，用水湿润模板，拆除模板后立即用覆盖材料包裹混凝土表面。为减少混凝土的收缩裂缝，要及时地做好混凝土的抹面工作。因污水处理厂的池体构筑物较大应安排专人进行养护，在施工前对养护用水要有整体的考虑，以确保整个池体构筑物能够及时顺畅地用到养护用水。

（四）钢筋绑扎

应严格按照设计要求来布置钢筋，钢筋的保护层厚度应满足设计要求，池壁拉接筋的长度应适宜，要绑扎均匀，还要防止保护层厚度过薄而不能满足钢筋的保护要求，同时也要防止保护层过厚而导致收缩裂缝。

六、做好设备安装的控制

污水处理厂的日常工作离不开其内部大量的设备的正常运行，所以污水处理厂不仅要做好土建部分的施工，还应认真做好设备的安装工作。设备安装须做好同土建专业的配合，施工中预埋套管位置应准确，土建结构与设备结合部位的预留尺寸应准确，避免设备安装过程中对结构造成二次破坏。对于设备安装较为密集的部位，应事先制定好合理的安装顺序，避免设备安装时相互造成不利影响。

总之，污水处理厂的施工质量直接关系到其运行出水的质量，直接关系到城市水体及自然生态环境的质量，因此，我们一定要充分地重视污水处理厂的施工以及设备安装的技术管理，事先根据污水处理厂结构及设备的特点，制定好合理的施工安装方案，并加强结构施工同设备安装的配合，确保污水处理厂施工顺利，保证其正常工作。

第四节　污水处理厂污水处理节能施工技术

随着我国经济的发展，城市化进程正在加速。在城市化建设的过程中，产生了一系列资源、环境破坏等问题。污水就是其中最严重的问题之一，该问题得到了社会的关注，同时污水处理工艺、技术等也得到了一定的发展，污水的处理取得了一定的成效。但是目前污水处理厂的污水处理还存在许多问题，污水处理的节能施工技术还没有取得突破性进展。本节就污水处理厂污水处理节能技术进行分析。

我国是一个人口、工业大国，这也就意味着我国的水资源消耗量巨大，污水的排出量也就随之增大。随着社会生存资源、能源的锐减和环境的恶化，国家开始重视资源的再利用、环境的保护。节能降耗已经作为工业建设的一个重要目标，污水处理厂也就随之而生，而污水处理厂处理污水所消耗的能源不容小觑，低能耗就显得刻不容缓，同时也就意味着能源利用率的提高和企业经济效益的提升，这对于社会的发展、企业的壮大和生态环境的建设都具有非常重要的意义。在污水处理过程中使用节能施工技术，实现节能降耗，才符合我国坚持可持续发展的基本国策。

一、污水处理的基本流程

污水处理厂要对污水进行处理，首先要将污水集中到污水处理厂，然后再利用一定的处理工艺对污水进行处理。一般的污水处理厂处理工艺都是大同小异，都是先将污水排入城管网的污水井，经过提升泵进入污水处理厂，然后在污水处理厂进行处理，大概的步骤是：格栅→沉砂池→一级处理→暴晒池→二沉池→加氯气消毒→排放到自然水体。经过这些步骤，污水才能被处理到满足排放大自然水体的要求，这其中需要消耗的能源也非常大，尤其是电能的消耗，处理污水的各个环节都离不开电能。

这也就意味着污水处理厂在保护资源的同时也消耗能源，所以污水处理厂污水处理的节能施工也就非常有必要了。但是污水处理的节能施工技术目前也在摸索阶段，有许多问题亟待改善和解决。

二、污水处理节能施工技术面临问题

首先，我国污水处理厂的系统设备达不到污水处理节能施工的技术要求。大多数污水处理厂的处理设备都比较老化，没有及时更新过处理设备。早期的污水处理设备大多数只考虑处理污水方面，对于处理时消耗的能源没有进行过多的考虑，导致在处理资源再利用的同时消耗过量的其他能源，不符合我国坚持可持续发展的基本国策。

其次，我国对于污水处理的经费投入不够。我国的污水处理厂虽然较多，已达到500多座，但是对于我国生产、生活所产生的污水处理量来说还远远不够。并且，污水处理的设备损耗快，我国的设备研发技术不够，污水处理的设备大都是从国外进口而来，由于设备损坏快，修理费用尤其是过了保修期的修理费用更加庞大。国家对于污水处理的经费投入不能支持污水处理的更新换代，更加不能支持我国自己研发的处理设备，从而也导致污水处理节能施工技术发展的缓慢或停滞。

再有，污水处理厂的专业性人才稀缺。我国污水处理人才少是一个大难题，以往我国的污水处理大都是根据污水处理设备的原理对污水进行处理，但由于我国的地势复杂，水资源分布不均，导致许多污水得不到有效处理。由于人才的严重缺乏，污水处理人员专业素质不高，对污水处理的认识不够、不准确、方法使用不当，这一系列问题都对节能施工技术造成了严重影响。

最后，污水处理厂相关部门的管理人员对于污水处理的了解、认识不够，管理制度不严谨，导致污水处理节能施工技术得不到有力支持。虽然污水处理厂都制定了关于污水处理的相关制度，但是都存在一定的片面性、系统性，无法在实际情况中得以应用。

三、污水处理节能施工技术的措施

（一）改造节能技术

污水处理厂为了确保所处理出来的水质达到规定标准，在保证出水达标的前提下又要考虑节省消耗，减少成本的支出，基于此，可以从生产技术上着手进行改造，重点是改变功率大的机电设备。如：污水提升泵、曝气机、污泥回流泵等。

污水提升泵。提高污水提升泵的工作效率，当一台水泵连续工作 24 h 以上，就会对自身造成损害，当达到一定程度时，水泵的水流量就会自动减小，工作人员也应该换另一台泵进行工作，从而提高泵的工作效率，降低泵的扬程，通过提高集水井的水位以达到降低污水提升泵扬程的目的。

曝气机。曝气机是生化池培养活性污泥的重要设备。污水处理厂要达到节能降耗的目的，关键就在于曝气机的节能性。曝气机优良的质量与使用者相结合，能够有效地达到节能降耗的效果。

污泥回流泵。污泥回流泵主要是将沉淀池中的污泥回流至厌氧池内，这样做的目的是一方面可以保证工艺中的活性污泥量；另一方面可以使厌氧菌与好氧菌进行有效的交换，防止污泥膨胀和进行反硝作用，提高脱氧除磷的效果。在曝气设备的选择上，要综合考虑供养能力和曝气效率的内在联系。

（二）培养污水处理新型人才

机器是固定不变的，而人的思想是活跃变化的，因此，污水处理厂应该培养属于自己的污水处理人才。我国的地势、水资源分布和利用情况均较复杂，只有充分地了解污水处理厂所在的地区情况，才能因地制宜的制定出符合实际情况的污水处理方案。人才的培养，可以为污水处理厂的节能降耗添加助力。一个专业的污水处理人才，对于污水处理的节能降耗问题，不应仅停留在应用设备技术方面，应该结合实际，充分地利用当地环境，更加高效地完成节能降耗。

（三）配电系统的节能控制

在对污水处理厂进行供电系统的设计时，因我国变压器的容量设计都存在过大现象，因而，污水处理厂应该根据自己企业的实际情况设计供电系统。比如，一个污水处理厂设计配电室变压器总容量为 4150 kVA，每 1 kVA 变压器每月要收取基本容量电费 20 元，4150 kVA 每月收取的基本容量电费 8.3 万元，占到总电费用量的 26%。通过对全场设备的精准核算，可以精减一些设备，设备精简后每年可节约电费 31 万元，节约电费 8%。由此可见，变压器容量是节电设计中的一个较大方面。

　　全球环境在不断恶化，生态遭到破坏，全球变暖，水资源匮乏。我国作为一个人口大国，虽然水资源总量较大，但人均水资源占有量却极其匮乏。与此同时，人们对水资源的保护意识薄弱，导致水资源的大量浪费，这些现象都会使水资源问题日益加重。修建城市污水处理厂进行污水处理是解决水污染问题的最重要的一项环境工程，它会给社会和环境都带来效益。但是污水处理厂的耗能多，成本高，尤其是近年来电资源消耗的增多，导致电费不断增高，不少污水处理厂因为经费不足的问题而不能正常运转，使大量的基础建设不能发挥其应有的效能，但是随着生产和生活污水在不断增加，长此以往，水资源就会越来越稀缺。由此可见，污水处理厂的节能降耗已经成为一个不容忽视的问题。通过污水处理厂的建设时间也可以表明，污水处理的节能降耗还是有非常大的潜力存在，所以，对我国当前污水处理厂进行能耗分析、能源分配研究、新型人才培养，能够最大程度地发挥污水处理厂的节能潜力，提高污水处理的社会效益和经济效益，其在保证污水处理厂正常运转的同时还能够有效地减少能源的消耗，也有利于生态环境的保护和缓解能源资源日渐减少的压力。在污水处理厂的正常工作中，坚持可持续发展的基本国策，致力于节能技术的创新，从而最大限度地实现污水的资源化和再利用。

第五节　污水处理厂施工阶段沉降观测技术

　　城市水环境质量的改善是绿色城市建设的重要内容之一，近年来各个城市加大了对环境的整治，为创建"园林式城市"提供硬件保障，特别是"水环境综合整治"更是作为各个市政府工作的重中之重。某市第二污水处理厂就是为了提高城市污水处理能力，根据《某市中心城水环境整治规划》兴建的重要工程项目，规模为日处理污水 30 万立方米，总投资 4.7 亿元。厂区占地 212.37 亩，服务某市第三排水分区，是处理设施完善的现代化污水处理厂，已跻身于国内特大型污水处理行列。该工程的兴建对提高城市环境综合质量、促进城市的城市建设和经济发展、创建全国文明城市、构建和谐城市将起着非常重要的作用。

一、准备工作

　　作业内容。此污水处理厂由四个初沉池、八个曝气池、八个二沉池及各种辅助设施和办公楼构成，本工程是对其中的初沉池、曝气池和二沉池进行施工阶段的沉降观测，以保证其施工安全。

　　本次沉降观测拟对上述污水处理池进行六个周期的观测，具体观测时间随施工进度合理的安排，以确保施工如期顺利进行。

　　测区概况。测区位于某市南郊锦江区琉璃乡包江桥村，三环路外侧，锦江东岸。

测区平均海拔高度约 500 米，属于亚热带季风气候，年平均气温 16 摄氏度，年降雨量 1000 毫米左右，平时多云雾，日照时间短。测区内部施工车辆往返穿梭、场地开挖、施工人员往来、设备震动等因素将对观测产生影响。

基础资料的收集分析。

利用以上资料进行沉降观测点的布设、水准线路的设计。

仪器选用。此次沉降观测拟采用 DS05 级的 Trimble Dini12 电子水准仪配合 Zeiss 铟瓦合金水准标尺进行测量。在外业观测时，Trimble Dini12 电子水准仪能自动读数并记录，每测站仪器将自动检验各项限差，这样，既提高了观测、记录的速度，同时又避免了手工记录可能出现的粗差。

仪器检校。所采用观测仪器的精度等级应不低于 DS1 级，采用线划式铟瓦水准尺和不低于五公斤标准重量的尺垫，对所采用的水准仪和水准尺，应按《城市测量规范》水准测量要求的检验项目定期进行检验和校正。因该工程在施工过程中，各方面的干扰较大，故水准仪 i 角应控制在"±6°"以内，水准尺上水准器安置的正确性也要经常地进行检验和校正。

二、沉降观测技术设计方案

技术设计依据。①中华人民共和国国家标准 GB 12897–91《国家一、二等水准测量规范》；②中华人民共和国国家标准 GB50026–93《工程测量规范》；③中华人民共和国国家标准 GBJ 7–89《建筑地基基础设计规范》；④中华人民共和国测绘行业标准 JGJ/T8–97《建筑变形测量规程》；⑤中华人民共和国测绘行业标准 CH–1003–95《测绘产品质量评定标准》；⑥中华人民共和国测绘行业标准 CH–1002–95《测绘产品检查验收规定》；⑦本项目技术设计书。

观测线路设计。为杜绝粗差，提高观测成果的可靠性和精度，基准点水准线路布设成闭合环线，对监测点的观测仍采用闭合水准线路观测且将各基准点联测到一起。

基准点、监测点的点位设计。

基准点的选埋。①沉降基准点的选设应在变形影响范围以外且便于长期保存的稳定位置；②工作基点应选设在靠近观测目标且便于联测观测点的稳定或相对稳定位置，使用前应利用基准点对其进行稳定性检测；③基准点、工作基点的埋设选用深埋钢管水准基点标石的方式，用钻机下钻 10 米，并用水泥砂浆现场浇筑，确保标石的稳固；④测区的基准点应不少于 3 个；⑤基准点布设应避开交通干道、地下管线、仓库堆栈、水源地、河岸、松软堆土、滑坡地段、机器振动区以及其他能使标石、标志遭腐蚀和破坏的地点。

本次沉降观测拟布设四个基准点，分别布设在施工现场的四个角点方向，编号为 BM1、BM2、BM3、BM4。

沉降监测点选埋。①能够全面反映建筑物地基变形特征；②建筑物的四角、大转角处以及沿外墙每 10 ~ 15m 处或每隔 2 ~ 3 根柱基上；③高低层建筑物、纵横墙等交接处的两侧；④建筑物裂缝和沉降缝两侧、基础埋深相差悬殊处、人工地基与天然地基接壤处、不同结构的分界处及填挖方分界处；⑤邻近堆置重物处、受震动有显著影响的部位及基础下的暗浜（沟）处；⑥框架结构建筑物的每个或部分柱基上或沿纵横轴线设点；⑦片筏基础、箱形基础底板或接近基础的结构部分之四角处及其中部位置；⑧重型设备基础和动力设备基础的四角、基础形式或埋深改变处以及地质条件变化处两侧。

本工程监测对象为初沉池、曝气池、二沉池，其结构均由密度强、厚度大的优质钢筋混凝土浇筑而成的槽状实体，而且，其槽体深度较浅（约四米），其内部的变形相对于其沉降变形是很小的，在本工程精度范围内可忽略，因此，其底部与顶部的沉降量可近似为相同，故其监测点可在池体上布设，为便于观测，监测点应布设在池体上沿的外侧。

本次沉降观测点的布设是根据排水公司提供的各个污水处理池的施工结构图来设计的。

初沉池是由六个板块构成，每个板块之间有沉降缝，在沉降缝之间各布设一对点，即每个板块上都有两个沉降观测点，六个板块共计 12 个点，四个初沉池共计 48 个点，编号分别为 C1-C48。

曝气池和二沉池个八个，沉降观测点的布设方法与初沉池相同。曝气池由七个板块构成，每个曝气池有 14 个观测点，合计 112 点，编号分别为 A1~A112。二沉池由八个板块构成，每个二沉池有 16 个观测点，合计 128 点，编号分别为 B1~B128。鉴于以往沉降观测点屡遭破坏，本次沉降观测点位布设较为密集，即使部分点位被破坏也不会对本次观测的结果造成影响。

沉降监测的技术指标。沉降监测精度取决于监测目的、建筑物结构和基础类型，为了监测建筑物的安全，其观测中误差应小于变形值的 1/10 ~ 1/20，根据这一原则，通常采用"以当时可能达到的最高精度"确定变形观测的精度。本次沉降观测从外业数据采集到内业数据处理均按国家二等水准测量的相关规定来执行，其精度完全能够达到本工程的要求。各种限差及精度要求均按照国家二等水准测量来执行。

沉降观测的观测方法、要求。本工程拟采用 Trimble Dini12 电子水准仪进行测量，在作业前，Trimble Dini12 电子水准仪可测定 i 角并存储到仪器中，仪器将自动计算并改正由 i 角引起的读数改正数。此仪器测距较便捷，智能化较高，其精度更高、更可靠。

各周期水准观测作业，应符合下列要求：①基准点与基准点、基准点与监测点、监测点与监测点之间均设成偶数站，观测顺序为奇数站：后—前—前—后，偶数站：前—后—后—前；②在连续各测站上安置水准仪的三脚架时，应使其中两脚与水准路线的方向平行，而第三脚轮换置于路线方向的左侧与右侧；③观测中不允许为了增加标尺读数而使用把尺垫安置在沟边或壕坑中的方法；④观测时，仪器应避免安置在有空压机、搅拌机、卷扬机等震动影响的范围内，塔式起重机等施工机械附近也不宜设站；⑤在观测过程中，如果出现尺垫和仪器绊动的情况，整个测段都必须重测；⑥每次观测应记录施工进度、增加荷载量、发现的点位变动、地质地貌异常、建筑物倾斜和裂缝等情况。

内业数据处理。外业观测结束后，利用计算机进行内业数据处理，高程平差采用由武汉大学（原武汉测绘科技大学）编制的《科傻地面控制测量数据处理系统》，并进行精度评定，之后采用本校编制的《沉降观测数据处理》软件进行沉降分析。

首先进行外业精度评定，计算水准路线闭合差或附和差；计算水准测量每公里高差中数的偶然中误差和每公里高差中数的全中误差，这两个精度指标应分别小于 ±1 毫米和 ±2 毫米。

符合以上精度要求的成果即合格的外业成果。然后进行监测点高程的计算和观测精度的评定，并计算每个监测点本周期监测相对于前一周期监测的相对沉降量和相对于第一周期的总沉降量，最后绘制时间—沉降曲线图，书写每一周期观测的技术总结。

当发现有较大或异常的沉降量时，要分析引起沉降异常的原因，并及时地反映给建设单位供分析决策，若观测误差超限所引起的较大或异常的沉降量，应及时返工重测，直到满足要求为止。

工程完工以后，将以前所有周期观测的成果按数理统计的方法进行处理：①对观测成果进行严密平差和综合精度评定；②用平均间隙法判别基准点的稳定性；③用 t- 检验的方法判别监测点的稳定性。

根据以上数理统计成果绘制时间—沉降量曲线，并对以上观测成果进行综合分析，提出沉降观测报告，对以后的沉降情况进行预测、预报。

三、实施计划

观测周期。根据污水处理池的地基土类型和施工进度，并制定本次沉降观测的周期。①待监测点初埋稳固后进行第一次观测；②蓄水实验至设计水位 1/3 时进行第二次观测；③蓄水实验至设计水位 2/3 时进行第三次观测；④蓄水实验至设计水位时进行第四次观测；⑤蓄水实验完毕放水时进行第五次观测；⑥待各部件安装完毕后进行第六次观测。

沉降监测点保护方案。鉴于以往沉降观测的基准点和监测点不断遭受破坏，本次沉降观测将加大保护力度，加大与各方协调力度，力争不再使一个点遭受破坏。

沉降监测的基准点露出部分均为磨圆的不锈钢钢球。沉降监测点用水泥将粗螺纹钢浇灌在混凝土基柱上。钢筋露出柱子表面 3 ~ 4cm，露出部分磨成半圆球形。沉降监测点系悬空伸出物，而施工现场情况复杂，为更好地保护沉降监测点，使之免受碰撞损伤等，特制定以下保护方案。

在沉降监测点周围砌 240 毫米厚砖墙，外抹水泥砂浆，上盖 16 毫米（两层 8 毫米）竹胶板或钢板起保护作用。

资料审查。资料审查是鉴别成果正确与否、优良等级的重要一环，借助以往沉降观测的成功经验，本项目资料仍实行三级检查制度。

①工程负责人严格自检，之后由组审查员进行审查；②测绘室主任工程师或具有资格的审核人员对作业组上交的测绘资料进行审核；③总工办专职质量审核员负责审定。

四、成果及资料上交

每周期观测后，交付该期观测成果资料含该期观测精度评定，测量点高程、监测点的相对沉降量和总沉降量。

全部观测结束后提交技术总结报告，主要包括：①垂直位移量成果表；②观测点位置图；③荷载、时间、沉降量曲线图；④变形分析报告；⑤全部沉降观测的技术总结。

五、安全生产及文明施工

安全生产措施。①依托完善的安全保证体系，现场建立组长安全生产岗位责任，贯彻"安全第一，预防为主"的安全生产方针；②落实安全生产制度，制订管理细则，做到人人重视生产安全，大家自觉遵守安全规定；③做好安全教育、安全防护等方面的工作，以确保工程的安全施工。

为做好本次沉降观测，不出现任何的安全事故，本次沉降外业观测将继续按以往的积累经验做好以下几项安全工作：①所有测量人员进入施工现场必须戴安全帽；②禁止测量人员上到池顶，以防溺水；③测量时积极与建设单位沟通，请他们予以配合；④测站上必须有专人负责测站安全；⑤每天外业结束时都要对仪器、水准尺、对讲机等设备进行清查；⑥由于要自己开车到现场，所以要注意行车安全。

内业处理采用三级检查制度，以确保数据的正确性、真实性。

文明施工措施。文明施工是企业文明积累的必然结果，也是企业精神风貌的展现，更是企业赢取良好社会形象的手段。

地面沉降是自然因素和人为因素而形成的地面标高损失。沉降观测的目的就是要准确获得变形数据，预测其发展趋势，从而有效地预防灾害的发生。对土木工程而言，其目的为工程的动态设计和信息化施工及时提供可靠的形变信息，以确保施工场地邻近建筑物在施工期间的安全性和稳定性。

第六节　污水处理厂安装工程主要施工技术

通过对污水处理厂安装工程的施工质量控制措施展开分析，总结得出在安装工程时应与土建施工进行结合，并提出地下管道和主要设备的安装技术，为类似工程提供施工特点、安装施工组织顺序、施工技术内容的参考。

城市生活污水数量的增大给污水处理厂带来严峻的挑战。目前，我国城市污水处理厂的处理工程大部分采用氧化沟生物处理来实现污水处理。污水处理厂工程是由主体工程和附属工程两个部分组成。其中，主体工程由格栅间、提升泵房、出水井、沉砂池、计量槽、氧化沟、二沉池、尾部泵房、污泥浓缩池、脱水机房等部分组成；附属工程由场外截污管道、厂外供电部分组成。为了确保污水处理厂的稳定运行，降低出现施工设备安装质量问题的概率，以某城市污水厂为研究案例，对污水处理厂设备安装工程的主要施工技术展开分析说明。通过严格控制施工设备的安装质量来提高我国污水处理厂的建设质量，有利于减少水资源污染，保护城市生态环境，推动城市化建设的迅猛发展。

一、工程概况

城市污水处理厂为了保证污水的自然流动，通常建设位置处于地势较低的郊区区域。由于污水成分复杂且黏性较大，所以，基于施工和使用角度，污水处理厂需要对污水进行除砂、沉泥、生物处理等，以保证污水经过处理后能够达到使用标准。其处理特点如下所示。

①由于污水处理厂的构筑物之间都需要使用管道进行连接，因此，施工单位需要进行每个管道的连接位置的防漏处理，避免建筑物之间出现沉降现象。首先，需要提前设置预埋好柔性套管，保证设计的管道拐弯位置或者井位消除沉降应力。其次，在正式配管前，还需要对各个构筑物进行漏水试验，以保证构筑物处于完全不漏状态，再进行配管处理。

②污水处理厂处理的污水成分复杂，腐蚀性大，因此，在施工过程中，使用的钢构件、管道等设备需要进行喷砂除锈处理，保证相关设备涂刷了四遍以上的环氧漆。尤其是长期浸泡在水里面的设备，需要进行多次处理。

③在整个污水处理流程中，需要严格控制各个构筑物的进、出口标高位置，保证施工中的各个构筑物的标高参照物为同一个基准标高。尤其是管道坡度的设置，坡度绝对不能够低于设计标准，避免出现倒流现象，引发污泥沉积管底，造成管道破裂。

④污水处理厂选址时，一定要选择地理位置最低的区域；施工时，一定要选择降雨量少的季节。

二、安装施工

目前，污水处理厂的施工安排为：地下工程—地上工程—厂内工程和厂外工程同步施工。注意，还需要考虑土建施工、安装施工。在正式施工前，施工单位需要组织相关人员审核施工图纸，及时发现施工图纸设计存在的问题，以便及时解决；同时，施工单位还需要结合实际施工现场，编制出科学的、合理的工程施工进度计划表，做好相关工程安全防护措施，以保证工程的施工质量符合标准。

（一）设备外形尺寸的核查

我国绝大部分污水处理厂的污水处理设备都是通过进口实现的，导致大部分机械设备、电器设备等仪表系统的安装技术要求高，使施工单位无法及时解决各种安装问题。一旦出现安装施工问题，就会延误整个建设工期。比如，在施工之前，一定要核实进口设备的机座定位方式、外形尺寸大小，如果在施工过程中，施工单位尚未考虑机器设备的外形尺寸，没有对预留的尺寸进行核查，一旦土建工程完工，机械设备却无法通过大门进入，最后只有拆墙来实现，不仅造成工期延误，同时还增加了建设成本。因此，施工单位在进行图纸会审时，一定要对进口设备的相关资料数据进行复核。

（二）设备安装方式的核查

由于现场情况不同，施工单位需要结合实际现场施工来进行相关设备安装设计处理，保证在设备使用功能的前提下，对设计方案进行合理的优化改善，以便更好地满足施工需求。比如，安装的泵池在主梁下方位置，就需要使用电动葫芦对其进行检修，那么就必须要拆除泵池下的电缆，这项工程就会变得非常烦琐，因此，需要进行改整。可见，确定好设备安装方式是非常有必要的。

（三）设计参数的核查

设计单位如果对进口设备的相关参数不够了解，那么提供的施工图纸就会存在设计误差。因此，设计单位需要确定好进口设备的重量、大小、外形尺寸等参数，才能够设计出符合施工要求的图纸，保证工程顺利施工。比如，当泵房的电动葫芦安装完成后，进口的设备才运送至现场，在准备安装的过程中，才发现单个泵体的质量为 4.9 t，电动葫芦的最大提升重力为 4×10^4 N，一旦电动葫芦出现超负荷现象，就会导致设备运行过程中存在安全隐患。

（四）管道标高的核查

施工单位在进行施工图纸会审时，一定要注重管道标高设计的核查。首先，需要确定管道坡度是否设计合理，是否存在倒坡现象；其次，还需要对管道节点处的标高进行核查，做好雨水管道、污水管道、给水管道等坡度检查；最后，还需要考虑管道间的上下左右间距位置是否合理，保证管道施工有效进行。

（五）土建预留、预埋孔洞的核查

污水处理厂的建筑物是由管道连接起来的。因此，施工之前，还需要做好管道预埋孔洞数量、规格、预留位置等相关数据信息的核查，一定要按照安装施工图纸和土建施工图纸进行多次核实，以便降低安装过程中出现问题的概率，以保证工程的顺利施工。

（六）进口设备进场检验

设备进场检查能够保证设备安装的质量。因此，施工单位需要做好进口设备的数量、尺寸、规格等数据信息的检查，比如密封是否完好、型号和规格是否符合设计要求、传动部位是否灵活，等等。如果在检查过程中，发现到货设备与设计不符，需要国外厂家重新供货。但是，这样就会直接延误施工工期，造成施工成本增加。为此，施工单位需要做好进口设备的数量、质量的进场检查，及时发现错漏问题，避免影响安装质量和施工工期，保证到场的设备均符合设计要求。

三、安装施工技术与土建施工技术的配合

（一）安装与土建的关系

设备安装是基于土建工程来实现的。它是整个工程施工环节中的重要部分。安装工程的质量与土建工程的质量有着直接影响关系。由于土建施工和安装施工之间的施工精度要求差别较大，导致土建施工单位往往按照习惯，预留安装位置，使安装预埋工作达不到安装要求。在污水处理厂的安装工程中，安装设备的数量、管道数量较大，预埋件数量较多，为了保证工程的顺利实施，降低施工成本，安装技术人员需要准确地了解预埋件的数量、规格、尺寸、大小、间距、位置、标高等内容，并做好土建的相关技术交底。因为土建施工人员对于设备安装工艺要求不清楚，所以，为了降低预埋件施工误差，安装人员需要深入土建施工工程，严格把控预留位置，才能够保证设备安装能够顺利完成。

（二）套管预埋方法和防渗漏措施

由于污水处理厂的构筑物数量多，且由管道连接。因此，做好套管预埋的定位准确是非常重要的。在具体施工时，土建施工单位需要确定好套管的方位、轴线和标高，并预埋好刚性、柔性套管，以保证套管被安稳放置在指定位置。与此同时，利用厂区内的固定左边进行位置的核实，一旦确认无误后，需要使用钢筋加固焊接技术来进行施工作业。由于柔性套管法兰端的螺丝孔非常容易在浇筑混凝土的过程中造成堵塞，因此，需要在套管前放入螺栓在孔内位置，并给裸露的栓头刷上一层黄油，用塑料布进行包裹。而套管外壁是被混凝土包裹住的，因此，在土建浇筑混凝土时，需要做好套管部位的防渗漏处理，保证套管外不能够出现漏水现象。

（三）预埋件、预留洞的检查、核对

污水处理厂安装工程中的构筑物、预埋件、预留洞的数量非常多，一旦发生泄漏，将会影响整个工程的施工质量。注意，以水池为代表的构筑物不能够使用膨胀螺栓进行包裹。在浇筑混凝土之前，一定要检查好各种预埋件的位置、数量，然后按照不同构筑物、不同预埋件、预留洞进行列表统计，并发给相关技术人员进行核对。只有所有技术人员核对无误后，方能浇筑。这是因为涉及与设备相关的预埋件或者预留洞口时，一定要对比设备实物，如果设备实物尚未到达现场，那么需要核对制造厂家的设备图，只有核对成功准确后方能预埋，避免出现预埋错误。比如，在过去施工过程中，就曾出现土建施工单位使用了钢管或者其他材料来做预留位置，当安装施工单位进场后，却发现钢管无法取出，最后只能凿开地板取出钢管，这种做法直接影响了地面防水性能，给地板强度造成破坏。所以，在土建施工过程中，一定要做好预埋施工的检查。

四、地下管道施工技术

土建施工单位还需要做好地下管道的施工协调管理，必须保证在土建主体施工降水期间完成地下管道的敷设。设备安装单位还需要配合土建单位做好二沉池出泥管、进水管等工程施工，以保证二沉池出泥管和进水管的管道标高低于二沉池地板混凝土垫层标高，且高于地下水位位置。一旦出泥管和进水管敷设完成后，还需要在浇筑混凝土之前，加固好管道，避免管道出现浮起现象。地下管道在正式埋设前，还需要做好管道防腐处理，需要经过监理单位的验收检查后，才能够进行管道安装。尤其是管道焊接接口的防腐处理，需要进行水压测试，验收合格后方能进行。一旦开始埋设管道，需要把控好管道的埋设标高和坡度，保证埋设的管道符合施工图纸设计要求。最后，当管道与构筑物连接完成后，还需要使用填压柔性套管密封圈来做构筑物的灌水试验，保证套管部位不会出现任何泄漏，才能够进行管沟回填作业。

五、主要设备安装技术

首先，在安装氧化沟曝气转碟时，需要保证曝气转碟的轴中心与氧化沟底部的距离符合施工图纸设计要求，不能够随意上升或者降低转轴标高。由于曝气转碟设备的转轴较长，在安装前，需要检测轴身的绕曲量不能够超出 2 mm，在安装过程中，必须保证转碟与轴身处于垂直方向。组装转碟时，需要错开接缝位置，选择没有变形的碟片进行连接；与此同时，转轴与减速机的连接，需要保证同心，且靠背轮位置。当曝气转碟安装完成后，还需要借助型钢在转轴中间部位进行支撑，避免转轴长时间在一个位置放置造成转轴变形、弯曲。也可使用人工转动的方式来改变转碟的安放位置。

其次，在进行二沉池出水池安装时，需要保证二沉池出水水槽的周边直径要大，运行过程中，水槽上部位置依旧裸露为水面上，且出水堰板与水面处于一个水平面。因此，在操作时，下料要准确，最好借助电脑设备进行排版设计加工处理。当各个施工段完成后，可以使用临时加固措施来加固，避免吊装过程中出现形变。尤其是出水堰板，应该严格按照施工图纸进行模型制作，使用冲床进行加工处理，以便实现调平。

最后，在安装二沉池刮泥机时，需要做好临时加固保护，自拍好转动减速器的中间定位，避免刮泥机跑偏。当刮泥机安装完成后，安装人员需要接入临时电源，并进行相关设备的调试工作。如果在调试过程中，发现异常，需要立即报告，由指挥人员及时处理。当设备调试完成后，方能向池内放水。这时，安装人员还需要对安装完成的设备调试数据信息进行记录。

我国大部分城市居民的生活废水和工业废水还处于随意排放状态，导致城市环境被肆意破坏。为了改善城市生态环境，提高城市处理污水的效率，政府部门开始注重污水处理厂的修建。污水处理厂作为处理污水的核心，在修建的过程中，其工程性能的优劣直接影响着施工质量。本节主要基于施工组织角度对污水处理厂安装工程的施工特点、安装施工组织顺序、主要设备施工技术等内容进行了详细分析，还对施工过程中容易出现安全隐患的位置进行了详细说明，有利于提升我国污水处理厂的施工质量。

第三章　污水处理厂设备的安装和调试

第一节　污水处理厂设备设计及安装

　　污水处理厂设备是控制水污染系统的重要部分，其设计及安装工作直接关系设备能否安全地运行。所以，相关管理人员和技术人员要保持污水处理设备处于良好的运行状态，并进行合理的设计与安装，以确保污水处理工作有序地进行。本节探讨了污水处理厂设备的设计原则，并详细阐述污水处理厂设备的安装问题，为今后的污水处理厂设备研究提供有力的参考依据。

　　在城市发展过程中，污水处理厂是一个重要的组成部分，与城市环境、居民生活都是息息相关的。为了加强城市污水治理，就要求污水处理厂建立良性运行机制，尤其做好设备维护管理工作，并且在设计和安装方面要加大力度，使设备能够发挥出其应有的作用，提高污水处理效果。

一、污水处理厂的污水处理工程

　　净化水资源、实现生态环境优化始终是污水处理工程的目的，关乎着国计民生等问题。与普通建筑工程相比较而言，污水处理工程的特征主要体现在以下几个方面：一是污水处理工程比较复杂。工程项目中又有较多不同的单体结构，并且在实际的工作中，有着极为复杂的工作项目。二是污水处理工程中所应用的排泥、排沙、搅拌等设备的成本很高，甚至个别设备已经达到 100 万的成本。污水处理厂如果从经济效益角度来考虑，引进一批质量差、成本低的设备，就必然对设备的安全运行造成不利影响。

二、污水处理厂设备的设计原则

　　合理、先进、经济、实用的原则。在对污水处理厂设备的设计过程中，要坚持遵循着合理、先进、经济、实用的原则，保证所利用的处理工艺必须是先进的、成熟的、实用的，以此满足较大的水质波动以及进水量不稳的实际要求，使污水排放达标。

　　全面规划，近期与远期相结合。污水处理厂设备设计主要是依据主管部门批准的、全面规划后的建设项目可行性研究报告和该项目环境影响报告书的结论，并且全面结合着近期与远期的发展问题。在布局方面和处理流程、处理构筑物的选择上，应当留有将来增扩、改进的余地，以适应不断发展的技术水准和排放标准的要求，为污水处理做足准备工作。

污水处理设备应采用合理工艺，对其合理布置。在污水处理系统的总体效率得到提高的基础上，对污水处理工艺应进行恰到好处的优化设计。要尽可能地控制好工程造价，保证系统的安全性，以此为基本前提，用最小的投资获得最佳的处理效果。

采用先进的技术。在污水处理过程中充分地利用可靠、先进的技术设备，以实现自动化优化控制，使管理维修工作量减少，更便于操作和管理。此外，选用先进的技术并不是一味地追求新奇，而是要根据废水本身的性质，采用成熟的技术，实现有效处理，避免二次污染的产生。

局部处理与集中处理的结合。局部处理就是分级来控制废水，并且对污染源的局部做预处理。局部处理完成之后，再回收污水中浓度高的污染物，对其做集中处理，使集中处理的难度和成本进一步降低。

坚持达标排放，保护环境。对污水处理工程设计时，要确保采取有效对策实现达标排放，并且保持与周围环境的协调。比如，设置均质设施、调节设施、连通超越管线等，同时还要采取绿化消防、重新处理未达标污水、污水外排前的监控等措施。总而言之，对于污水处理厂设备的设计必须要全面考虑，做到达标排放，对环境从根本上进行保护。

设计中必须防止噪声污染。应该确保在设备的设计中采用的动力设备是低噪节能的，并且采取降噪、减震等一系列措施，以防止出现噪声污染的问题。

三、污水处理厂设备的安装

设备安装前的准备工作。污水处理厂的管理人员要做好设备安装前的准备工作，使安装问题得以减少。准备工作主要包括以下方面：一是供应准备。管理人员对装备的供应工作要给予足够的重视，从而顺利开展技术准备工作，还应该使材料、机具的应用质量得到进一步提升，在规定时间内各类机械设备能全部到达污水处理现场。如果设备在安装前就有质量问题，就可能会出现返工问题等，那么用于安装的时间就更多，影响到工程工期。所以，只有经过技术人员的指导，加强质量检查工作的开展，才能使设备安装质量得到保证，进而提高经济效益。二是技术准备工作。技术人员在施工前要建设完善的施工方案及组织设计，根据实际情况来选择安全技术，设备吊装时能明确设备的真实重量，由此才能有效避免超负荷现象的发生。与此同时，管理人员还要开箱检查所有污水处理设备，确保设备质量达到规范要求，办理好移交手续，在交付后，就可以对设备进行安装调试，使其发挥出更大的作用。三是控制土建工作质量。在安装污水处理厂相关设备时，土建设计图纸如果不符合建筑物实际，就可能出现返工问题。所以，在开展土建工程的过程中，必须要严格控制建筑物，设备定位工作必须按照相关标准来完成。四是分析设备安装图纸。在安装设备前，还要密切联系设计单位以及建设单位，一旦有变更设计图纸的情况，则要联系各单位，从根本上保证图纸是完全可行的，以此可以推进设备安装工作顺利开展。

设备安装的控制要点。①启闭机和闸门。在安装启闭机的整体过程中，其开启必须要灵活，以免有抖动等现象出现，在安装闸门时，其牢固性也是必须要注意的环节，并保持密封面的严密性。此外，要设置一个封闭措施于建筑物和闸门框之间，目的是使封闭效果能够实现最佳状态，严禁有渗漏问题出现，按照安装设计要求，确保闸门标高和垂直度均达到设计的具体要求。②安装水泵。潜水泵是污水处理厂设备中的一个重要部分，所以，安装水泵时需要控制以下几点：当潜水泵实现升降时，其导杆应平行、垂直，并对金属面进行自动连接，使其具有一定密封性；潜水泵还应该对漏水和漏油等进行设置；水泵底座可以选择地脚螺栓进行固定，在二次浇筑时，需要确保整体的密实性；要通过液压试验来判断螺杆泵泵体、泵夹套为合格产品，之后才可以对其安装；另外，要注意的是螺旋泵和导流槽之间的间隙应在安装设计标准之内，符合其要求，控制偏差值在 ±2mm 为宜。③设备预留孔和预埋件。安装污水设备时会有较大的预埋工作量，而且其特点主要是点多面广，主要在污水处理池壁或池底板等位置分布，因钢筋密集的分布于此区域，这就会加大工程施工的难度，对其埋件技术的要求也就更高，这是预埋工程当前所面临的关键问题。基于这一形势，在预埋工程开展过程中就要进行层层把关，紧密配合各工种，以减少漏埋、少埋的情况出现，尺寸错误的情况也就由此避免。④曝气设备。曝气设备安装时要控制以下几点：选择设备的标高及位置时，必须要按设计标准及设计要求进行；曝气管接电时，既要确保其紧密性，同时管路基础也要达到牢固、无泄漏要求。⑤鼓风装置。安装鼓风装置要遵循的原则是严密且无松动，安装结束后还要全面清洗；在组装对联轴器或轴承座的过程中，以设备安装标准为基本准则，需要满足其具体要求；连接管路上进风阀以及配管等设备的重点就在于是否连接得紧密、牢固；从防震以及消声装置方面来看，满足产品性能和规定的具体要求，在应用时达到最佳状态。

检查设备的安全性。在污水处理过程中，一旦污水处理设备出现故障，将对污水处理工艺的正常运行造成不利影响。因此，管理人员在安装设备时，应按照设计图纸要求，利用先进的安装技术做好检查工作，使安装工作符合要求。此外，还要对设备进行相应调整，提高它们的合理性、科学性，确保其符合安装流程的有关规定，提升设备的安装质量及可靠性，从而减少设备安装中出现问题的频率，提高污水处理设备的安全性。一是安全管理人员对污水处理设备要认真地进行安装与调试，开展各类工作时根据安装与调试方案进行，以此提高工作质量。二是技术人员与管理人员要加大管理污水处理设备的力度，采用多种方法确定重点设备的安全，对这些设备采取科学保养手段，全面提升应用质量。三是要制定完善的系统检查制度，全面检查所应用的处理设备。四是在实际工作当中，技术人员要按标准来检查设备和安装技术，发现其中有安全问题存在，应及时采取有效对策来解决。比如，技术人员在管理照明系统的安全时，必须及时地发现所存在的问题，委派专业电气工程师来检验；另外，作为安全管理人员还应该对设备调试的触电事故做好科学防范，管理时充分地利用先进技术，以确保工作安全。

总之，为了污水处理厂的运行处于良好状态，就要做好设备的设计工作，并且有效地控制其安装质量。从技术人员和管理人员层面来看，还需要重视设备的安全管理工作，提高工作质量。同时，不断地积累工作经验，及时总结和分析成功、失败的经验，由此顺利完成设备安装工作，控制其安装质量，以保证设备后期施工的正常运行。

第二节　自动化仪表设备安装调试要点

自动化仪表在工业生产领域发挥着重要作用，仪表的性能和稳定性直接影响着产品质量，需要在自动化仪表的安装和调试阶段进行质量控制，从而更好地保证工业生产的顺利进行。本节从自动化仪表安装和调试两个方面进行分析，并提出了相应的技术要点，可供相关人员参考。

自动化仪表主要用于对工业生产参数进行监测，并按照生产工艺要求进行控制，随着仪表制造技术的进步，很多自动化仪表具有信息存储、数据处理和控制输出等功能，可以满足多种生产工艺的要求。为了提高自动化仪表性能，确保工业生产的顺利进行，在自动化仪表工程施工中，需要明确安装和调试的要点，保证可以准确地采集到工业生产运行信息，为控制系统提供准确的参考数据。

一、自动化仪表安装技术要点

（一）安装准备阶段

在自动化仪表安装工程的准备阶段，需要由具备丰富经验的仪表工程技术人员和甲方工艺人员对自动化仪表电缆桥架的安装和走向进行全面的核对，检查桥架平面走向、高程与生产工艺管道间是否存在冲突。自动化仪表信号传输电缆需要离开高温、强电磁的环境，还应该与具备腐蚀性管线保持足够的距离。再对仪表设备平面布置图、电气材料表等进行审核，可以初步计算出电气材料的使用量，再对材料表和电缆表进行对比，进而更好地进行成本控制。仪表工程技术人员应该把安装注意事项等详细的技术资料，向施工人员进行技术交底，并进行安全施工教育。通过技术交底可以让施工人员更好地了解安装流程、仪表性能和原理，让他们掌握安装施工技巧，可以提高仪表安装效率。

（二）安装实施阶段

一次取源部件需要和生产工艺管道同时进行安装，需要对取源部件进行全面的检查，确定好仪表安装的部位和间距。插入式自动化仪表，根据安装说明书的要求确定好插入的深度，采用螺纹固定的仪表应该保证具有较好的密封性能。安装好的仪表应该做好防护，避免在安装过程中对仪表造成损伤，很多自动化仪表的附件都小而精致，如果不加以注意会丢失，无法保证自动化仪表达到性能要求，需要安装作业人员小心操作和保管。针对带有毛细管的仪表，可以在安装过程中做好标记，避免安装人员对仪表造成损坏。为了保证仪表自动化工程可以按照工期要求交付使用，需要仪表安装工作与生产工艺实现很好地配合，在安装以前把处于运行状态设备和管线断开，可以更好地保证安装作业人员的安全，还应该做好不同专业施工队伍的配合，保证仪表安装工作有序开展。仪表安装现场应该光线充足，仪表安装位置保持在 1.2 ~ 1.5 m，温度仪表应该安装到温度变化最为灵敏的部位。对气体介质压力进行监测的仪表，监测点应该取到管道上半部，而液体或蒸汽压力进行监测的仪表，需要安装到下半部。流量监测仪表应该在传感器本体前后段保持足够长度的直管段。雷达物位计不可以装到进料口上部及受到介质冲击的位置，应该垂直于被监测介质表面。

二、自动化仪表调试技术要点

（一）电磁流量计

该种类型的流量计利用电磁原理来对介质流量进行监测，调试过程中经常会出现如下现象：①流量计转换器可以正常监测介质流量，但上位机无法获取到流量信号。可以把转换器接线盒打开，利用万用表对信号输入端子进行检查，是否存在信号接返的现象，如果信号的正负端接反，重新按着正确的接法进行联系就可以将信号上传到计算机。如果没有接反，利用万用表检测无电流或电压信号输出，表明该端子已经损坏。②通电后电磁流量计转换器无数字显示，同时存在着保护开关跳闸，需要利用万用表对供电回路电阻进行检查，如果供电回路不存在短路，表明流量计内部电路存在问题，可以将流量计转换器电源部分取出，检查是否存在保险烧断现象，必要时可返厂处理。③电磁流量计数据与上位机数据不一致。需要进入流量计转换器设置菜单中，检查流量计上下量程与上位机是否相符，将两者的量程保持同步再进行检查。有的上位机信号处理与流量计会产生一定的偏差，在高精度的生产工艺要求下，可以通过流量计通信号将数据发送到计算机。

（二）仪表联调

在进行自动化仪表联调以前，需要确保仪表设备已经安装完毕，选用的仪表材质和规格型号必须满足设计要求。取源部位的安装位置科学合理，介质流向与流量计方向相符，介质管线已经完成吹扫并达到合格标准。工艺管线接头符合标准要求，已经达到气密性要求。电气线路绝缘电阻达到要求，接线不存在错误，接线端子与导线接触良好。对仪表回路进行调试时，需要保证测量误差达到以精度等级要求，仪表的零位不存在偏差。仪表单回路完成调试后，仪表工程技术人员需要与业主方人员开展联合调试，并详细记录好联合调试灵敏据，已经达到联调要求的仪表需要由业主方相关人员签字，不合格的仪器需要核实好问题，存在故障的仪表应该退货处理。

（三）DCS 调试

在对自动化仪表工程 DCS 进行调试时，需要对区域、单元等组态名称进行核对，并对控制站点、数据地址等进行检查，避免出现地址分配错误的现象。对 DCS 回路进行全面检查，进行回路测试实验，对控制输入输出点、运算点等进行检查。模拟信号输入，检查组态画面 PV 值和颜色变化，如果存在错误，应及时更改界面。在进行超量程、中断信号测试时，检查组态界面流程图 PV 值和流程是否发生改变，是否出现故障提示。检查报警数据信息，是否能形成数据表格，对调试结果进行打印。把控制方式设置为自动模式，在界面中输入 SP 值，检查自动控制回路能否正确运行。对顺控电路、连锁保护等功能进行调试，需要按照单回路要求开展试验，把调节器换成手动方式，确认调节器是否具备自动控制功能。

综上所述，自动化仪表工程的安装和调试，将会对控制系统的造成一定的影响，需要严格按照安装要求进行作业，还需要对自动化仪表进行保护，避免由于受到损坏而影响自动化仪表性能。还应该针对自动化仪表工程特点确定好调试点，可以有效地提高调试效率，缩短自动化仪表工程周期，以保证如期将工程交付。

第三节 污水深度处理设备安装与调试

我国经济快速发展、人民生活水平不断提高，随着环境治理的日益深入，水环境保护成为重中之重，随着污水排放标准的提高，污水处理厂需进一步提标改造以适应标准要求，而新设备的安装与调试也成为建设工作中的一项重要工作。通过研究总结工作中的经验教训，提高设备安装质量，以提高污水处理质量，保证污水稳定达标排放。

目前污水处理厂已经成为城市建设必需的配套设施并且逐步向乡镇发展。南水北调工程通水后，其沿途省市污水排放标准提高；雄安新区设立以来，其周边与白洋淀相通的河流沿河区域同样设立了新的排放标准。随着环保力度加大、要求提高，污水处理厂在提标改造建设中使用的深度处理设备，成为保障出水合格的最终屏障，只有保证设备质量、提高安装质量，才能确保污水处理设备安全稳定运行，保证污水处理达标。

一、提标改造工艺分类

污水厂提标改造主要目的是对污水进行深度处理，进一步去除污水中的磷、氮、悬浮物等污染物，从而保证出水稳定达标，其工艺主要有以下几种。

（一）高密度沉淀池

高密度沉淀池具有处理效率高、单位面积产水量大、适应性强、处理效果稳定且占地面积小等优点。在近几年的污水处理厂建设中应用较多，可以帮助污水厂以较少的占地面积安排足够的处理单元。

（二）活性砂滤池

活性砂滤池利用砂滤器中一定粒径的石英砂作为过滤介质来截留水中的悬浮物。具有截污能力强、管理简单、运行稳定、成本低的特点。

（三）磁混凝沉淀工艺

磁混凝沉淀工艺是通过磁粉与混凝剂的共同作用，使污水中的悬浮物快速沉淀的一种技术，此工艺能够节约占地、缩短污水停留时间，同时达到去除总磷的效果。

（四）超滤膜工艺

超滤膜技术是以极小的孔径截留水中胶体大小的颗粒，而水和低分子量溶质则可以通过的一种先进技术。其处理效果好，技术安全性高，但其高昂的运营成本和严苛的运行环境限制了其在污水处理行业的应用，只能作为最后的屏障应用于污水厂工艺末端。

（五）臭氧、次氯酸钠氧化工艺

臭氧及次氯酸钠氧化工艺主要针对污水中的致病微生物，可以有效杀灭污水中细菌和病毒，同时臭氧的强氧化性可以破坏发色基团，以达到迅速脱色的效果。

二、设备安装注意事项

（一）高密度沉淀池

高密度沉淀池主要包括混凝剂及粉炭投加设备、混凝搅拌设备、刮泥机、斜管/斜板、集水槽、污泥泵等设备，设备安装较简单。在安装调试过程中需注意的问题如下。

在混凝搅拌设备安装叶片时要按照规定方向安装，在电路接线工作中需注意设备正反转和在电控柜接线的正反，保证中控系统正确控制设备。

污泥泵如采用转子泵，可在厂家指导下依据实际需求双向安装，但在调试时必须有厂家技术人员指导。

刮泥机与池底保持适当距离，以达到最佳污泥收集效果，在土建施工中必须保证池底高程一致，如高低不平需要进行池底和设备联合调整。

集水槽安装高程应一致，保证均匀出水。

（二）活性砂滤池

活性砂滤池在安装过程中需要注意多个砂率器的高程差应控制在设计要求范围内，既要求土建施工中对池体质量的控制，也要求设备安装时对设备构配件的连接精度。在安装施工和调试时，需密切关注空气管道的安装质量，以防止发生漏气导致设备运行达不到预期效果。

布水器中心管与提砂管之间做好密封，防止泄漏而导致进水直接从泄漏处上流带走反洗砂。

安装过程中应注意砂斗内外的清理，不应留有杂物，防止洗砂器内部缝隙被杂物堵塞。

（三）磁混凝沉淀工艺

在调试时需注意混凝剂的选择，应通过试验确定最适宜的品种和投加量，并考虑对后续工艺的影响，如后续为超滤膜处理工艺，则在初期调试时不宜同时开启两个工艺段，防止超滤膜发生堵塞现象。

（四）超滤膜工艺

超滤膜设备在安装过程中需要注意的有以下几点：

进出水、反洗水、加药管道多而复杂，安装工作量大，需在充分了解安装流程和设计要求情况下制定详细的安装组织方案，在安装过程中应注意监测管道位置，及时调整，防止位置偏差导致的大规模调整。

超滤膜膜丝安装前需进行冲洗，保证管道清洁，防止杂物对膜丝造成损坏。

超滤膜通水调试后不宜长期停水，应根据要求做好设备清洗和保护。

（五）臭氧、次氯酸钠氧化工艺

臭氧和次氯酸钠制备设备多为一体化设备，安装工作只需连接管件和加药泵、连接电气控制箱等工作，其中需注意的问题有：①连接工作需在厂家技术人员指导下完成，以免连接错误；②设备安装完成后必须试运行后才可投入药剂，避免泄漏事故发生；③管件设备需按技术规范进行防腐工作。

三、几点建议

①在安装工程实施前，需首先对施工设计图纸进行审核，并与设计单位和设备厂家及时沟通，减少设计修改带来的影响；②派专人负责设备到场验收，对数量和质量有问题的部分及时核对。通过验收的设备妥善存放，电气设备及精密仪表应置于室内库房，室外存放的设备应做好防雨防冻；③安装前要做好实施计划，加强现场工序的质量监控和验收工作；④重视对现场安装人员的技术交底，不断地提高施工人员技术水平，以保证设备安装质量；⑤重视施工安全，严格是对施工人员和设备的双重保护；⑥重视质量缺陷的治理和修复，保证调试顺利完成。

污水深度处理标准较高，设备各有其优缺点，在安装和调试工作中需注意细节，充分了解该设备的安装调试方法，做好施工组织和技术方案，严格按照设计要求施工，减少失误、提高质量，不仅能够降低施工成本，同时还可以为污水厂的稳定运行提供基础条件。

第四节　水电站电气设备安装及调试管理

电气设备的有效运行是水电站功能发挥的保障，尤其是在发电环节中，更是离不开大量电气设备的支持。因此，针对水电站电气设备的安装工作应予以高度重视，需要在确保所有电气设备安装到位后进行验收，同时借助调试管理工作，优化水电站电气设备运行效果。本节重点结合新丰水电站建设中电气设备安装及其调试管理的相关经验，探讨了相关注意事项，以供参考。

在水电站工程项目建设中，为了确保其后续能够稳定有序运行，并且发挥出应有的水力发电功能，注重各类电气设备的有效安装极为必要。如果电气设备的安装存在缺陷，势必会造成其难以可靠运行，不仅影响到水电站的预期功能，同时还有可能带来一些安全隐患。基于此，水电站建设中切实保障电气设备的规范安装以及有序运行成为关键任务，除了要切实把握好所有电气设备的安装环节，还需要借助后续调试管理工作，明确其中可能存在的隐患问题，以求更好地优化运行效果。

一、项目概况

新丰水电站中发电厂房布置于右岸，为河床式发电厂房，厂区布置主要包括进水渠、厂房、尾水渠、变电站及厂区交通等，变电站布置于厂房右侧的台地上。水库总库容364 万 m³，属于小型水库，核定该工程等别为 IV 等，电站总装机容量为 9600 kW，多年平均发电量 3128 万 kW·h，装机利用小时数 3258 h。选用两台 GZ995-WP-280 型灯泡贯流式水轮机，配两台 SFWG4800-32/3200 型水轮发电机，发电机电压 6.3 kV。该电站采用一回 110 kV 出线，接至里溪 110kV 变电站，线路长约 3 km。

在该新丰水电站建设中，电气设备作为其中比较关键的组成部分，同样也是发挥重要功能的环节，引起了建设人员的高度重视，也成为施工要点。因为在新丰水电站电气设备的安装中面临着较高的难度，涉及的电气设备比较多，线路也较为复杂，如此也就容易出现一些质量缺陷，需要围绕电气设备安装全过程进行严格把关。下面结合新丰水电站电气设备安装及调试管理的相关经验进行简要论述。

二、水电站电气设备安装要点

（一）安装前准备要点

在水电站电气设备安装前，准备工作至关重要，需要依托专业全面详尽的准备工作，为后续电气设备安装提供可靠支持。从电气安装准备工作要求上来看，应该切实做好电气设备安装方案的审查工作，对于所有电气设备的安装需求是否达标进行评估，严格按照水电站建设相关规范和标准要求进行核查，针对可能存在的异常问题予以及时完善，要求安装施工方案具备较强可行性，可以较好地指导电气设备安装处理。在水电站电气设备安装中，对预埋件也提出了较高要求，需要在前期准备阶段中予以详细核查，保障预埋件能够和电气设备安装形成协调关联，及时地发现预埋件留设位置偏差或是没有留设的问题，要求前期土建施工团队予以纠正，避免在后续电气设备安装中遇到麻烦。相关电气设备安装工作人员同样也需要进行有效准备，保障所有安装施工人员都具备较强的岗位胜任力，可以较好地处理相应电气设备的安装任务，能够有效应对电气设备安装中面临的各类事故，充分提升其质量意识和安全意识，保障电气设备规范有序安装。在此基础上，电气设备安装前的准备工作还需要切实做好技术交底工作，确保各个安装人员明确电气设备安装要求和具体任务要点，尽可能地避免后续出现严重操作偏差问题。

（二）电气设备及材料检查

水电站电气设备安装工作的开展离不开电气设备及其相关材料的支持，如果这些方面存在明显缺陷和隐患，势必难以促使后续电气设备发挥应有功能，也容易滋生一些安全隐患。基于此，在水电站电气设备安装中需要切实做好各类物资检查工作，尤其对于水轮发电机、变压器以及相关线缆，更需要注重做好详细审查，确保其可以较好地作用于水电站项目。在各类电气设备检查时，除了要检查相关出厂资料以及运行参数说明，往往还需要重点围绕电气设备自身进行详细全面检查，了解其是否存在缺损现象，尤其是在运输到现场后，更需要对其进行全面核查校对，避免应用存在隐患的电气设备参与安装施工。针对电气设备安装中涉及的各类线缆同样也需要进行严格把关，了解相应型号是否符合应用要求，严禁应用不匹配的线缆参与施工安装，杜绝以次充好的问题。

（三）电气设备安装技术

在水电站电气设备安装中，具体电气设备的准确安装是核心要点，安装人员需要重点结合不同电气设备进行规范处理，确保所有电气设备安装完成后都可以发挥其应有作用。在明确电气设备安装位置，协同预埋件进行有效处理，如在水轮发电机的安装处理中，往往需要首先做好设备审查分析，明确具体安装流程和步骤，然后逐步进行整个水轮发电机的装配，确保其具备较为理想的运行条件，可以较好地适应于后续发电任务。水轮发电机中的焊接或者螺栓固定等技术同样也应该严格把关，保障其更为牢固可靠，避免在后续运行中出现较为严重的晃动现象。整个水轮发电机安装中的精确度应该得到严格把关，尤其是对于叶轮或者轴承等关键部位，更需要严格控制好相互之间的间距，避免出现较为严重的位置偏移现象。对于变压器的安装，应该选择适宜合理的变压器型号，了解其运行功能是否符合相应系统运行要求，对变压器各内部构件进行详细检查，避免存在严重异常问题；变压器的安装精确度也需要高度关注，保障变压器能够稳定运行，尤其是针对线圈、铁芯以及绝缘结构，更是需要加大把关力度。另外，对于隔离开关及其他辅助配件的安装也需要按照设计图纸进行严格处理，保障其型号匹配的同时，使其能够较好地融入整个电力系统，并发挥出较强的防护及管控功能。

（四）线路安装

水电站电气设备安装往往需要关注具体线路的安装铺设，借助线路确保各个电气设备形成有效关联，以满足水电站整体运行需求。在线路敷设安装中，需要考虑不同线路应用需求，对线缆型号及其尺寸进行严格把关，保证连接后能够发挥其应有的作用，避免出现安全隐患或者运行事故。在线缆敷设中，安装人员还需要重点关注各个连接节点的处理，确保线缆连接位置更为准确，尤其是对于各个不同线路的处理，更是需要确保其符合标准规范要求，避免对电气设备产生不良影响和破坏。在线路安装处理中，需要尽量减少交叉，以保障所有线路运行更为协调，杜绝混乱局面；同时，针对各个线路进行有效标识，以降低后续检修维护难度。

三、水电站电气设备调试管理

（一）调试准备

水电站电气设备在安装完成后还需要进行必要的调试，以确保所有电气设备能够稳定运行，并且整个电气系统也能够可靠运转。在调试工作开展前，准备工作极为关键，调试工作人员需要重点明确所有调试目标和任务，可以更好地对所有电气设备进行全面评估和分析，避免出现任何遗漏；同时，结合电气设备调试要求和目标，选择恰当适宜的仪器仪表，制定相对完善可行的调试计划，为后续调试工作开展提供指导。另外，针对具体调试人员进行必要培训，要求其明确调试要求和具体程序，具备较高责任感。

（二）调试接线

在水电站电气设备调试工作开展中，调试接线工作同样也应该引起高度重视，需要确保接线较为准确可靠，避免影响到调试结果。因为水电站电气设备调试接线工作往往面临较大的工作量，相对而言任务较为繁杂，所以需要重点围绕各个接线要点进行严格把关，避免操作人员出现严重偏差问题，对于误操作予以重点监控，关键环节需要交给专业技术人员。

（三）调试指挥

水电站电气设备调试工作不仅任务量较大，而且相对烦琐，很多调试环节都存在交叉现象，如此也就对调试管理工作提出了更高的要求，调试指挥工作显得格外关键。在调试指挥工作开展中，需要保障所有调试任务有条不紊地进行，各个专业技术人员都能够得到协调安排，最终表现出较强的协同性，避免出现调试任务的混乱，同时需要对所有电气设备进行全面核查校对，及时发现其中存在的异常问题，并且指导相应技术人员予以修复处理，以达到更为理想的优化效果。

（四）撰写调试报告

在水电站电气设备调试工作完成后，需要撰写相应报告资料，针对整个调试过程及其结果表现进行准确记录，这也是调试管理工作规范化的重要保障条件。在调试报告撰写中，往往还需要明确具体责任人，以便确保各项调试任务有序落实，杜绝出现相互推诿现象。调试报告的撰写可以为后续水电站电气设备维护检修提供可靠支持。

综上所述，在水电站电气设备安装中，因为其复杂性较为突出，必然需要重点明确电气设备安装应用需求，做好技术交底工作，确保各类电气设备的安装更为规范可靠。在此基础上，调试管理工作必不可少，有助于分析明确电气设备安装后出现的异常现象，及时弥补隐患问题，优化电气设备运行效果。

第五节　污水处理厂设备安装调试技术及监控

污水处理厂设备的良好运行，直接关系着污水处理成效。本节通过对污水处理厂设备安装调试技术及监控策略展开相关探讨与分析，希望可以在提升污水处理能力的同时，也能进一步保证居民用水安全。

虽然我国与发达国家相比，在污水处理方面的技术应用还较为落后，但在树立可持续发展理念下，不仅使当前的污水处理已经不再局限于国防与工业生产的范围内，而且还在污水治理设备与技术应用上得以不断创新和突破，使整个污水处理行业得以快速发展，极大地满足了人民群众对于污水处理日益提升的需求。目前国内污水处理产业已经进入高速发展阶段，污水处理需求的加速也进一步推动了我国在该领域拥有了全球领先的技术水平，而且还有较大的发展空间，为此在对污水处理厂开展设备安装调试技术的探讨与研究中，也对其具有一定现实价值。

一、污水处理过程中的主要设备

在污水处理过程中，所使用到的设备有许多是专业性非常强的，大致上来说，可将这些设备分成三种类型：专用设备、电器设备和通用设备。

在污水处理设备中属于专用设备的主要有粗细格栅、污泥泵和污水泵，以及计量泵，另外，还包括各类鼓风机和刮泥机、搅拌器等。属于电器设备的主要有变速电机和交直流电动机，以及避雷设备等。而属于通用设备的则主要有离心机和电动葫芦，以及恒温箱，另外，还包括手动和电动阀门以及闸门启闭机，除此之外，还有车床等维修工具。

污水处理厂中的主要设备，因在污水处理过程中所担负的任务存在一定的差异性，所以，不同的污水处理设备所具有的运行特点也存在差异。首先，板框压滤脱水机在运行的过程中，其产生的生产压力相对较大，不仅如此，还附带着很多的附属设备，同时，自动化水平也较高。除此以外，很容易被各种因素影响，并且价格昂贵、维修难度较高。其次，潜污泵需要长时间在水下作业，且运行时的工况条件较差，不仅如此，也缺少有效的监控手段。再次，鼓风机是污水厂重要的设备，一旦在运行的过程中出现故障，那么就会在一定程度上影响水质。最后，污水厂各类搅拌器数量较多，特别是潜水搅拌器长期在水下运行，工况条件并不是很好，需要加强状态监控。

二、污水处理厂设备安装调试技术

（一）离心泵安装调试技术

在离心泵安装过程中所涉及的一些有关的调试技术，首先，必须严格参照相应的技术指标为依据，对设备展开全面且细致的安装检查，不仅要确保泵转向和电动机转向相同，还要确保固定连接部位保持紧实牢靠，不会出现松动问题，而且还要严格检查电控装置和指示仪表以及安全保护装置，由此确保其性能良好无损坏，而且要确保盘车能够灵活运转；其次，润滑油脂的添加，供货商必须派人进行相应的工作指导；再次，在泵启动时，要确保能够快速地穿过出喘振区，而且在打开吸入管路阀门的时候，能够迅速地将排出管路阀门等关闭；最后，在泵调试过程中，还要细致检查转子与各个部件的运转情况，尤其是其是否存在摩擦现象，抑或是是否出现异常响动，与此同时，还要全面检查滑动轴承温度，要保证其温度不高于70℃，而滚动轴承则是不能高于80℃。不仅如此，对泵的安全保护装置及关联装置的仪表灵敏度和准确度都要进行严格的检测，要确保机械密封泄漏量能维持在 5 mL/h。

（二）专用设备安装调试技术

首先，粗细格栅和螺旋输送机。在这一设备的安装环节，要以螺旋输送机纵向中心线为安装中心线，注意不同类型粗细格栅安装固定方式，以确保后期维修的便利性和安全性。其次，轴流风机。在安装设备之前，先要确认基础磨光处理工作已经做好，同时，还有确保其平整性，另外，还要做好地脚螺栓安放工作，另外，在设备就位之后，要在第一时间将螺栓拧紧加固。最后，手电动闸板阀。要确保阀门安装得严密无缝隙，同时，也要确保其平整度，并且要检查是否能够顺利开启启闭机，一旦产生抖动，抑或是卡阻现象，必须做出及时且迅速的反应，实施行之有效的方案解决这一问题。

（三）潜污泵安装调试技术

在完成安装工作之前还需要进行潜污泵的安装，并按照相应的技术指标对污水处理设备的安装情况展开全面细致的检查，另外，润滑油脂的添加工作，供货商必须派专人进行工作指导。除此之外，要将现场进行全面的清理，要根据池中容量合理调整带负荷作用，且要实时监测泵流量，要保障泵的效率以及扬程满足相应设计标准，保障设备运转的稳定性，检查是否有震动现象，或者有不正常的声音发出。

（四）污水处理设备安装管理

污水处理设备的安装主要包含三个阶段：基座的建设安装、安装前准备和设备安装等。

首先，在基座的建设安装阶段，在开始基座建设放线前，先要选定一个合理的设备安装位置，其中包括配套机械和运输车辆通道，以及上料台和堆料场等在内的设备的安装位置等都需要进行合理的布置，在必要的情况下，可以根据实际需要对设备的安装位置进行适当的调整。污水处理设备具有很多的组合零件，为确保组装过程顺利进行，并且在安装完之后能够保持稳定的运行状态，在测量放线和预制，或是砌筑基座前期阶段，必须严格依照技术规范来执行。

其次，在设备安装前的准备阶段，应该对所有的设备质量开展一次复检，所需要检查的内容主要包括：各种螺栓和螺母有没有出现松动现象；润滑油及水和气的储量以及管道接头有没有安装牢固或是有没有出现泄漏；所有旋转和往复运动部位的安全保障机件是否能够发挥有效作用，且所有机件是否安装齐全，等等。不仅如此，还要对所有涉及的小型机具和材料的准备情况展开全面细致的核实，以便为设备安装奠定良好的基础。

最后，在设备安装阶段，在设备安装时应时刻关注设备主机各组成和部件，以及附属设备的外观质量，整个安装过程必须有专业的技术人员在现场监督指导，另外，在进行高空作业，或者是需要进行吊装笨重装置时，必须配备相应安防设施和手段。所有安装人员必须佩戴安全帽，并且有序开展工作，严格遵守规范。安装要分工协作，各司其职，互不干扰，且在安装后，应对设备的各项性能进行全面且细致的检查。

三、污水处理厂设备安全调试监控策略

（一）前期准备阶段监控

首先，在进行设备安装之前，无论对于安装人员的资质审查，还是质量管理体系与安全监督体系等，都需要一一进行审核与监督。与此同时，还需要针对重要项目负责人员的资质进行申报，而且还要对施工队伍的专业技术水平进行有效评估，必须进一步明确施工技术标准与规范。在按照各项执行标准展开合理监控下，不仅需要进一步对承包商所实施的技术手段，以及污水处理设备的安装调试过程开展相应的审核，而且必须参照相关工艺流程与特点为依据，实施可行性操作方案，并能对出现的问题进行及时处理，尤其是对于细节性操作环节，更要在充分地掌握安装技术要点的前提下，做好充足的准备，并能有序地开展后续工作，使其在科学合理的监控下得以良好质量保证。

其次，对于关键性质量控制点应予以有效设置，并使之在安排专业监控人员的基础上，既能依据具体方案展开相应的设备安装与调试，同时还要进一步明确这一过程质量控制的关键点，以便由此对各项监控工作展开有理有据的质量控制。

最后，在进行具体监控方案的规划过程中，还应合理地建立起与施工方的沟通方式，无论对于施工规划，还是设备安装的技术要点，都需要通过建立有效的沟通与交流机制进行有效解决，而且对于安装过程应实施合理监控，并针对出现的一些具体问题，还应在实施最佳方案的前提下得以良好解决。这一过程，既需要进行严格巡查与实测复核，而且对于各工序的关键环节还应予以高度重视，在开展全程监控下，及时解决与处理发现的问题。而在此过程中灵活的监控机制不可或缺，除了需要综合考虑监控对象的合理选定，还需要灵活设置监控点，使之即使出现目标偏差，也能及时地调整与修正。在出现不合格问题之时，必须通过下达相应的联系单与通知单，快速且及时地将发现的问题情况向建设单位与施工人员予以实情相告，并敦促其拿出相应的整改方案，以保证设备安装的顺利正确无误，并使之达到合格检验标准。

（二）设备调试过程监控

对于污水处理设备调试阶段应予以严格的安全监控，不仅要对设备安装情况依据调试方案进行严格检验，而且还应在确定联动调试合格之时，一并上交检验报告，并将详细的调试监理以及相关的数据记录进行全面整理，使之能够针对出现的问题研讨出具体的调整与修改方案，还要以现场调试报告为依据，制定出监理评估报告。此外，还应在进一步明确单体设备调试运行特点的基础上，全面提升现场监理验收的准确性与及时性，尤其对于重要设备的安装调试更需要加大巡视与监控力度，由此在保证其全覆盖性的前提下，进一步做好新装设备运行管控与保养维护工作，进而通过实施科学监理方式，以确保污水处理设备安装调试过程中出现的问题得到最及时、最有效的处理，由此保证设备调试的正常运行。

在日益加大对文明环保施工技术要求的前提下，污水处理厂在进行设备安装调试过程中，不仅要注重实施安全施工技术，而且还应做好相应的安全监控工作，使其在保证整体安装调试科学性与合理性的基础上确保质量达标，并能够达到良好的运行效果。在我国日益加大污水处理治理力度的前提下，不仅投入了大量的人力、物力，而且还极大地促进了污水处理行业的产业化发展，在未来将有更加广阔的发展空间，亟待展开更多方面的探索与研究。

第六节 污水处理厂给排水设备联动调试工艺

给排水工程在城市基础设施中占有显著地位，是对工业生产以及人民日常生活都会产生显著影响的重要方面。随着现今科学技术的飞速发展，社会上各项生产工艺也得到日益完善，尤其是污水处理厂在城市中得到大量兴建。城市污水处理厂的修建为污水治理工作提供了便捷的道路，保证了城市居民以及工业生产的正常进行。本节主要对污水处理厂给排水设备联动调试工作进行分析，以期在今后的城市治污工作中，可以发挥更大的作用。

给排水设备的联动调试工作不仅对污水处理厂所进行的污水处理质量产生影响，而且还和污水处理项目中所涉及的技术高低、处理经济成本情况以及所取得的经济效益之间存在明显的关系。因此，在污水处理厂的日常工作中，除了需要进行污水处理工作，同时还需要对给排水设备的联动调试工艺质量进行有效的提高。

一、给排水设备联动调试概述

（一）给排水设备开展联动调试的目的

做好污水处理厂的给排水设备联动调试工作是为了实现污水处理厂的社会价值以及经济价值。具体来说，开展这项工作的主要目的有：首先，对各个设备的安装质量进行检查，检查其是否和设备运行所需要的要求、标准符合一致。并对设备在联动状态下所具备的机械性能进行有效考核，从而确保排水设备联动作用下可为污水处理质量以及效率进行提高。其次，还应该对设备中的各个部件构筑情况进行检查，其中包含对水力负载量、出水的平整性以及重力流管渠的实际高度等进行全面检查，确保联动调试工作完成之后，这些参数都和污水处理厂工作所需的实际参数保持一致，同时还需要对处理厂中各部件水管的闸门以及闸板牢固度进行检验，保持管道的流通度，使水流的进出速率得到有效控制。最后，利用联动设备所进行的调试以及运行工作对运行中的电力荷载情况进行有效的检测，使处理厂中配电系统得以满足设备运行的要求，并使运行的安全性得到有效保证。

（二）调试工作开展的前提

在对给排水设备进行联动调试的时候，需要依据设备安装的具体要求将设备安装完成，保证安装质量。当设备内外包装全部拆除完毕之后，需要保证设备可正常进行运转。当处理厂中的各项设备独立调试工作完成之后，且设备中包含着固定的组织固件，保证设备在独立运行时各项状况良好。当与处理厂中的池水进行连接的时候，需要保证水汽管道的畅通性以及整洁性，对管道厚度也有一定的要求，且管道上不允许出现裂纹或任何破损。当设备中的进出水闸安装稳固性得到确认之后，要将水闸密封严实，还需要保证操作时的便捷性以及灵活性。当设备闸门安装完成后，在规定期限内还需要对闸门进行漏水实验，实验结果需要和标准中设置的要求保持一致。各个设备操作的安装按钮应该保持正常，操作平台也需保持稳固性，标识具有清晰耐磨的特点，且可长久使用。

二、给排水设备联动调试工艺分析

（一）调试粗格栅机、闸门以及泵房

在调试的时候，需要先将粗格栅机启动，保证机器正常运转。再将进水闸门开启，使池水得以流入到粗格栅机中。待达到合适的进水水位之后，将水泵启动。一定时间后，水

泵的运转进入稳定阶段，之后再进行相应的检查测试工作。检查实际运转中的设备电流电压是否在额定范围内，且电流电压的稳定性以及固定性是否得到保障；另外，检查给排水设备的各项仪器以及指针计算是否和仪器运行的实际情况相符合。还需要对粗格栅机的除渣功能与描述的情况以及运转的要求是否保持一致进行检查；最后，再对水泵的实际运行功率以及运行状况是否和平稳定运行所需要具备的要求保持一致进行检查。在进行这一调试工艺的时候，将闸门启动一般有两种方式：一是进行手动调试。这种方式是将机器的运行挂在手动挡上，对旋转手轮进行手动调节，从而实现对闸门相应方向的运行转变进行支持。这样重复操作几次之后，以确保设备运行的灵活性以及可靠性，保证设备运行不出现卡顿现象。二是电动调试。这是将机器的实际运行切换在电动挡上，按下启动键，按照按钮发出的指令使闸门进行相关工作，确保闸门的运行不出现失误，且到位后，闸门也可自动停运。

（二）调试细格栅机、闸门以及旋流沉砂机

将细格栅机开启之后，确保运行，在利用电动的方式将闸门开启，并将进入旋流沉砂池的管线阀门关闭。这样经过提升泵提升过后的水流进入细格栅机后，就可以进行相应的测试工作。主要测试内容有：细格栅机的清渣能力以及实际运转情况和要求的标准是否保持一致，泥渣的排放能力是否处于正常水平等。当水流进入合适的水位之后，需要将旋流池开启，并将闸门打开，使水流可以直接进入沉砂池。对沉砂池内的旋桨实际的旋转速率是否和旋转要求保持一致进行检查，并对机器实际运转时的功率是否满足要求进行检查。还需要对沉砂机所具备的沉砂能力以及沉砂效果进行检查，最后检查闸门运行情况以及流入的水流量情况。

（三）调试鼓风机

开启鼓风机之后，在一段时间内让鼓风机保持相应转速，并进行风力、转速以及工作电流等情况的基础测试工作。之后再将设备内的多台鼓风机进行联动开启，对于各鼓风机之间的运行情况以及相互之间是否产生影响的情况进行观察分析，如对鼓风机的分压、共振以及风力的变化情况进行检查。

（四）调试二级池吸泥机

在将二级池的进水闸门开启后，使水流可以进入二级池之中，之后再将池内的吸泥机开启。待池内的水位达到合适位置后，对闸门进水速率的均匀度以及平整度进行检测，并对出水的平整度进行检查，还需要对吸泥机在运行时有无出现异常声响进行检查，从而评估吸泥机的运行效果。

（五）调试生化池配水井

将生化池的配水井堰门进行开启之后，对堰门的实际运作灵活性以及正常性进行检

验。当流入到生化池中的水位超过配水井实际的承载能力以及处理能力的时候，需要检查多余的水流能否成功超越管道，并平稳地流入总排水管道中，以将多余的水纳入待处理的范围中。

综上所述，污水处理技术现今正处于一个实验阶段，新型污水处理设备的运用使污水处理厂在实际工作也面临着新的挑战。由于污水处理工作对城市生活具有重要意义，在这种情况下，给排水设备作为污水处理技术中的核心要素，就需要进行必要的联动调试，使给排水设备的正常运行得到保证。另外，污水处理厂在开展污水处理工作的时候，还应该根据污水处理的实际需求，结合该地区的污水构成特点，科学选择处理设备。并在设备正式投入运行之前，做好相关的调试以及试运行工作，使污水处理工作水平以及质量都得到保证，促使我国城市污水处理工作得到进一步的发展，也可以使城市治污工作得到进一步的发展。

第四章 污水处理厂水池施工研究

第一节 污水处理厂池体施工

随着我国经济的快速发展和城市化进程的加快，城市生活污水和生产污水的处理逐渐吸引了人们的关注。

在污水处理厂的规划建设中，必须采取专业的污水处理措施。污水处理厂的建设措施有各种类型的规划，一旦确定了施工方法，就不易发生改变，否则会对整个项目的施工过程和经济效益产生一定的影响。因此，必须要求施工单位满足污水处理厂的要求。根据污水处理厂的特点，结合能源的各个部分，改进施工方法，科学施工，取得双赢的经济效益。本节主要针对污水处理厂的建设提出了改进方法，并介绍了一些工程改进的方法。

一、裂缝类型及原因

收缩裂缝。混凝土固化后或混凝土浇筑一周后，通常会发生收缩裂缝。水泥浆中的水蒸发导致干燥收缩，这是不可逆的。收缩裂缝的发生主要是由于混凝土内部和外部的蒸发程度的差异。混凝土受外界条件的影响，表面失水过快，变形大，内部湿度小，变形小。表面收缩变形受内部混凝土、最大拉应力和裂缝的限制。混凝土收缩主要与混凝土水硬比、水泥组成、水泥用量、骨料性能和添加剂掺量有关。

塑性收缩裂缝。塑性收缩是指在凝结前由于快速失水而导致混凝土表面的收缩。主要原因是混凝土在最终凝结前几乎没有强度，或混凝土强度在最终凝结发生时很小。由于高温或大风，混凝土表面失水太快，导致毛细管中产生较大的负压。混凝土体积收缩，混凝土的强度和收缩性较差产生裂缝。影响混凝土塑性收缩开裂的主要因素是水 – 水泥比、凝结时间、环境温度、风速和相对湿度。

沉降裂缝是由地基土的不均匀沉降造成的，或者因为模板不够硬。温度变化对裂纹宽度的影响很小。

温度裂缝通常发生在大的混凝土表面或具有较大温差的混凝土结构中。在混凝土施工中，当温差较大时，或混凝土受到冷波的冲击时，混凝土的表面温度将急剧下降并且会发生收缩。混凝土的表面收缩会受到混凝土内部的约束，这会引起大的拉伸应力和裂缝。裂缝通常仅在混凝土表面的弯曲区域内是浅的。

化学反应诱导裂纹碱性集料裂缝和钢腐蚀裂纹是钢筋混凝土结构中最常见的化学裂缝。

二、污水处理厂施工措施的关键改进

混凝土构件模板选择中的关键改进措施包括：模板之间的小间隙，外观光滑整洁；模板的灵活性和强度都很好。模板具有光纹理，便于施工安全和施工质量；模板导热系数小，可有效避免混凝土配件内外温差过大造成的裂缝。一些模板可用于帮助改进工程经济。施工过程中应按以下程序：第一，施工准备工作，包括攀爬装置、模板、工具和模板稳定性；第二，确定线路位置，模板位置固定；第三，根据图纸调整模板的尺寸。

混凝土配合比使用水泥时，应注意模型和品牌是否一致，必须保证水泥无其他杂质，符合强度和水化热的相应标准。在混凝土的选择中，还必须根据相关标准严格控制颗粒、砂等骨料的粒径、水分分布等方面，并根据试验确定最佳配比。向混凝土中添加适量的添加剂，具有完善混凝土的作用。因此，应根据相关条件，在污水处理厂的施工中加入一些添加剂，以提高混凝土的抗裂性能和附着强度。

止水带附件施工质量主要体现在孔径的垂直膨胀和止水位置。当选择橡胶止水带配件时，可选用橡胶固定水配件作为结构不对称的伸缩缝，但无间隙。当温差大的时候，由于温度应力，不会出现裂纹，可用于密封和防水。止水配件水平施工缝的施工质量要求，大部分钢板应用于止水材料。由于防水性能好，施工时可根据现场施工环境的要求，连接和延长止水带。该工艺及施工方法方便可行。与其他材料相比，钢板材料的形状没有变化，易于稳定。

支撑结构设计在支护结构优化设计过程中，应综合考虑结构的稳定性，其中包括桩基的水平和竖向力、挡土墙的质量和安全性、重力挡墙和施工工期等。

玻璃钢砂管作为污水处理排水管的主要原因是施工工艺简单、水环境性能优良、耐腐蚀性强。由于玻璃钢砂管系统是一种柔性管，对整个排水管有很大的影响，需要设计人员对其结构进行严格、完善的设计。

污水预处理和一级处理设施的选择。污水处理设施前处理工艺的主要设施是细网格，其主要任务是去除污水中的浮渣，使后续加工能正常平稳地进行。如果选择的工艺是SBR工艺，不提供曝气沉淀池，则细网格将是预处理工艺的唯一选择。污水处理厂的重要设施之一还包括沉淀池，沉淀池通常包括曝气沉淀池和旋流沉淀池。一般设计采用旋流沉淀池。其成本低廉、维护方便、占地面积小，但其沉降效果不理想，浮渣无法去除。初级沉淀池是污水处理厂的共同处理设施。然而，应尽可能少地使用主水槽，并保留更多的碳源，这样可以有效地降低水流的污染程度，减少后续污水处理过程中的水力负压，节约处理成本。

三、施工管理优化点

（一）施工技术优化管理

当优化污水处理厂的施工管理时，必须在施工准备阶段优化管理。目的是为施工实施阶段创造更有利的施工环境，以确保施工顺利进行。编制的主要任务是根据施工项目的特点，在综合分析、施工进度和良好设计的基础上，根据施工要求，制定科学合理的施工组织文件，并最终确定施工条件和质量。结合客观条件和经济合理性的构建，制定最优的施工方案，做好在施工前期的人力、物力和技术的准备工作以保证施工顺利进行。生化废水处理过程的优化控制：1990年以后，大多数学者以计算机模拟和控制城市污水处理厂为研究重点。常用的方法主要是基于溶解氧的PID控制目标值，通过高度自动化污水处理站的建设。全厂完成现场设备的监控，以保证污水处理设备和工艺的长期安全、可靠运行。然而，由于废水生化处理中溶解氧目标值的滞后、非线性和时变，PID控制很难跟踪溶解氧目标值。通过对施工优化的管理，能够有效地降低管理强度，还能够对施工质量有所加强。因此，基于变增益模糊PID控制、PID控制和模糊专家控制的建立，神经网络智能控制方法如自动诊断、快速控制系统的科学发展和自动化控制和管理水平的提高，不仅在正常运行中起到了重要的作用，降低了操作者的劳动强度，改善了工作环境。在取消处理的过程中，应充分地考虑对环境的影响，特别是在技术环境下的污水处理工艺。对加工成本和综合排水成本进行科学分析，建立评估系统，以最大限度地降低成本并取得最佳效果。基于这些数据，该技术的标准值不仅可以提高废水处理过程的相关数据，而且可以达到节能环保的目的。

（二）变更文件管理

项目变更是架构的组成部分，其内容和结果将对架构的优势产生重大影响。工程变更时，必须考虑变更是否有利于施工速度，是否可以节约成本，提高施工效率。在当前的社会市场经济条件下，施工单位必须提高其技术水平和管理制度，改善施工措施，保证施工质量，提高项目的经济效益。为促进污水处理企业的发展，加强对污水处理的重要影响，必须提高污水处理厂的性能和效果。

四、裂后处理

裂缝的发生不仅影响着结构的完整性和刚度，而且会引起钢筋的腐蚀，加速混凝土的碳化，降低混凝土的耐久性和抗疲劳性。因此，根据裂缝的性质和具体条件，修复措施主要包括：表面修复法、灌浆法和预埋密封法、嵌缝法、结构加固法等。

表面修复法。表面修复法是一种简单、常用的修复方法，主要应用于对结构稳定性和承载力无影响的表面裂纹和深裂纹的处理。常用的处理方法是对裂缝表面的水泥进行灌浆，并在混凝土表面涂覆环氧水泥或油漆、沥青等防腐材料。

灌浆和预埋密封法。该法主要应用于对结构完整性有影响或具有防渗要求的混凝土裂缝的修补。它使用压力装置将水泥材料压制到混凝土裂缝中。硬化后，水泥材料与混凝土形成一个整体，并起到密封加固的作用。常用的胶结材料为水泥、环氧树脂、甲基丙烯酸酯、聚氨酯等化学材料。

嵌缝法是密封裂纹最常用的方法之一。通常用于沿裂缝填充凹槽内的塑料或刚性防水材料，以达到密封裂缝的目的。常用的塑料材料为 PVC 水泥、塑料软膏、丁基橡胶等。聚合物水泥砂浆经常用作刚性防水材料。

结构加固法。当裂缝影响混凝土结构的性能时，需要考虑加固方法来处理混凝土结构。结构加固的常用方法主要包括增加混凝土结构、构件角的外角、预应力钢筋、钢板的钢筋、支撑点的钢筋和喷射混凝土的钢筋的横截面积。

除此之外，还需要对相应的问题处理好，确保施工质量，一般来讲，需要先定工艺设置、相应参数以实现节能环保。施工实施过程需要加强施工质量，严格把握施工工期，控制施工成本，最终达到科学管理的目的。裂缝是混凝土结构中常见的现象。它们不仅降低了熔池的透光率，而且影响了熔池的使用，同时也造成了钢的腐蚀。通过上述的工艺的调整能够很好地解决这些问题。

因此，应认真研究和处理混凝土裂缝，并采取合理的处理方法。在施工过程中应采取各种有效的预防措施，防止裂缝的发生和发展，确保结构和构件的安全稳定。钢筋混凝土水处理池的设计和施工实践表明：可以从根本上控制水池裂缝的产生和发展。必须注意温差、混凝土收缩、水化热、内外约束、不均匀沉降等因素对裂缝宽度的影响。在满足工艺要求的前提下，合理的结构设计和正确的施工方法是工程质量的重要保证。

第二节　污水处理厂水池结构

近年来，随着我国现代工业化的发展和城市化进程的不断推进，环境污染形势进一步加剧，特别是污水排放方面，给人们的身体健康及用水安全带来了极大威胁。在市政污水处理厂中的排放污水往往要进行沉砂、生化等一系列的处理后方可排放，所以其水池结构能否得到合理设计，对于污水处理工作有着巨大影响。本节分析了污水处理厂水池结构设计工作，探讨设计过程中存在的具体问题，在此基础上提出相应的解决策略。

城市污水的处理难度很大，花费成本较高，并且对城市污水的源头化管理无法有效实施，使城市污水只能进行后期处理。而在城市污水处理厂中，对水池结构的设计是关键环节，只有确保水池结构得到合理的设计，才能使其功能及作用得到有效发挥。为此，以下便深入地探讨了市政污水处理厂水池结构的相关设计要点。

一、市政污水处理厂水池结构的关键设计要素

（一）水池结构形式

在市政污水处理厂中，对水池具体结构与尺寸的确定是按照工艺专业来进行的，不同工艺专业有着相应的工艺要求，而工艺要求的不同也会使水池产生不同的结构形式。并且以水池的平面形式来进行划分，可分为矩形水池与圆形水池；而按照是否具有顶板，则可将水池划分成有盖水池与敞口水池；按照水池是否设立隔墙，可将其划分为多格水池和单格水池。

（二）荷载组合

水池受到的荷载作用主要包括三种：一种是水池结构的自身自重，即其结构中的钢筋混凝土容重和其截面尺寸的乘积；另一种是土压力，可通过朗肯土压力公式来对其具体值进行计算，而水池的地下水位以下的土压力则可通过土的浮重度来进行计算；最后一种是水池中水的压力，可通过设计水位的静水压力来进行具体值的计算。

如果水池设置顶板，并且顶板上还用一层土进行覆盖，则需要对顶板所受到的土的荷载进行计算。并且，污水处理池中的水因温度与湿度上的不同，也会使其对水池的作用力发生变化。对于上述荷载来说，其荷载组合形式主要包括四种：其一是池内无水，池外无土；其二是池内无水但池外有土；其三是池内满水但池外无土；其四是池内满水并且池外有土。在设计水池结构时必须要对上述四种常见的荷载组合形式进行充分考虑，并且按照其中荷载组合最为不利的情况下来开展设计工作。

（三）截面设计

在市政污水处理厂水池结构设计中，对其截面进行科学设计是非常关键的，在确保水池池壁和其底盘达到设计强度的基础上，最大限度地降低成本，并且能够满足最小构造要求。在此过程中，应对不同的水池结构形式实施模型假设，并分析不同工况下的水池荷载组合的作用力，以确保水池池壁与底板能够同时满足正常状态下的裂缝要求与承载强度。

二、市政污水处理厂水池结构设计中需要注意的问题

在市政污水处理厂水池结构的设计中，对其进行力学计算较为简单，不过仍有一些事项和细节需要重视，其中以水池底板抗浮问题与防渗漏问题最为常见。因此，在水池结构设计工作中需要将这两个问题作为考虑的重点，以此实现对水池结构的优化设计。

（一）底板抗浮问题

对于市政污水处理厂来说，其选址通常位于河道周边，而这些地方一般有着较高的地下水位。在对埋地式水池进行设计时，便要对地下水位可能造成的不利影响进行充分考虑，以避免水池的底板受到地下水位的上升作用而浮起，为此需要对水池底板开展整体与局部

的抗浮计算，防止水池在使用过程中受到影响。通常来说，水池底盘的抗浮性不足问题会在两种情况下出现。第一种情况是设计人员在对水池进行设计时是依据地勘报告中提供的水位来进行取值的，因水池构筑物和建筑物有着本质的不同，水池的重量是比较轻的，但其所在位置由于处于河道周边，这使水池位置中的地下水位会出现较大的变化，而地质勘查单位又无法对该位置的地下水位最高值进行准确勘测，这便会导致水池底盘抗浮性不足问题的出现。为了解决该问题，一般要将水池地面下方 0.5m 处的水位作为其底盘的抗浮水位。第二种情况是构筑物虽然能够满足整体抗浮，但因池体具有较大的平面尺寸，这使池体中的局部会因难以达到设计规范中的抗浮要求而造成底板出现开裂，进而影响底板的抗浮性。

（二）防渗漏问题

市政污水处理厂在通过水池进行污水处理时，水池基本都是有水的，但由于水池是采用钢筋混凝土结构，而钢筋混凝土中的裂缝宽度如果不在施工过程中加以控制，便会产生渗漏问题。钢筋混凝土之所以会产生裂缝，其原因可能来自以下方面：其一是钢筋混凝土结构在施工过程中会因混凝土收缩变形产生较大的内部拉应力，拉应力会降低混凝土的抗拉强度，进而造成混凝土表面产生裂缝；其二是没有对混凝土进行均匀的振捣，使混凝土形成类似蜂窝状的结构，造成水分渗入混凝土结构中；其三是在浇筑水池底板时，没有和池墙一起浇筑，因两者在浇筑中是相互分开的，而施工缝止水钢板在施工中也未严格按照要求进行焊接，便会出现渗水问题；其四是没有对地基进行科学的处理，导致水池因地基沉降不够均匀而产生裂缝。

三、市政污水处理厂水池结构设计的相关要点分析

在市政污水处理厂水池结构设计工作中，需要高度重视底板抗浮与防渗漏问题，在此过程中，需要结合现有技术，明确设计中的相关要点，以使这两大问题得到切实的解决。

（一）底板抗浮设计要点

在对水池的抗浮性进行计算过程中，需要对其自重抗浮进行优先考虑，该设计方案通常适用于水池埋深较浅、地下水浮力和水池自重相接近的情况。在这种情况下，水池的抗浮设计有三种方法：一种方法是对水池的池壁进行加大处理，也可增加底板厚度，以使水池池体自重增加，这种方法虽然会使水池截面增加，但相应地也会提高混凝土用量，而且能够降低钢筋使用量，因此不会增加较多的成本，同时水池结构刚度也能有所提高，如果是以构造配筋来对水池截面进行设计，则不适宜采用该方法，否则会使成本大幅增加。另一种方法是增加水池的配重，以此提高池体抗浮能力，如果水池设置有顶盖，则可在顶盖上部用厚土覆盖或是对底板外挑墙趾进行加大，以此来提高配重的重量。该方法适用于规模中等或较小的水池，如果水池有着较大的平面尺寸，则不适宜采用该方法，这是因为该方法会造成水池底板的局部无法达到抗浮要求，并且当水池周边存在其他构筑物或建筑物

时，会给施工带来较大难度，而且也会对管线布置造成一定的不利影响。最后一种方法则是通过抗拔桩或抗拔锚杆来提高水池抗浮能力。这种方法是最为实用的，可使水池池体的整体性与局部性抗浮问题得到彻底解决，不过该方法需要花费较高的成本。现阶段，在市政污水处理厂水池设计工作中已广泛采用上述三种方法来提高水池抗浮能力，并通过相应的排水措施来进行辅助降水，不过在雨季时仍要对水池的抗浮问题高度重视。

（二）防渗漏设计要点

当钢筋混凝土中的裂缝较多或裂缝较宽时，便会导致水池渗漏问题，为了提高水池的防渗漏能力，就需要采用以下方法来进行裂缝控制：其一是将混合料适量掺入到混凝土中，并降低水泥用量，这样混凝土的水化热反应便会有效减少，从而有效地控制混凝土开裂；其二是在施工过程中应用减水剂来减少混凝土的收缩变形，使其在抗裂性能上有更好的表现；其三是在混凝土浇筑过程中进行分层浇筑，并严格按照施工要求进行充分振捣，防止漏振、振捣不密实等现象的出现；其四是对施工缝位置上的刚性止水板进行双面满焊，在此之前需要先清除穿墙对拉螺栓止水片表面上的油渍，然后实施双面满焊；其五是确保水池底板能够处于相同持力层，以此防止水池基础可能出现的不均匀沉降问题。

总而言之，市政污水处理厂水池结构是否能够得到合理设计，会对污水处理厂的处理效率及处理质量造成直接影响。因此，污水处理厂必须要重视水池的结构设计工作，掌握其中的设计要点，并结合水池周边环境条件及水池的使用要求，遵循因地制宜的原则来对水池结构进行不断优化，这样才能充分地发挥水池的作用。

第三节　污水处理厂水池渗漏

本节中的污水处理厂构筑物，主要指沉砂池、沉淀池、曝气池、生物池等钢筋混凝土池类结构。这些池类结构对裂缝出现的数量、宽度有着严格的限制要求，如何有效地控制大型构筑物的裂缝是污水处理厂土建施工中的一个重点与难点。根据对已施工的泵房及污水处理厂的钢筋混凝土构筑物水池的经验，在这里对钢筋混凝土水池的渗漏原因及其控制方法做一些初步的探讨。

随着社会经济的发展、人们生活质量和生活水平的提高，人们逐渐认识到环境保护的重要，于是，各地开始投入到污水处理中，进而缓解污染危害，构建良好的生态环境。人民生活离不开水，城市工农业生产与发展也需要消耗大量的水资源，与此同时，随之产生的生活污水及工业废水将会对环境造成污染。

一、污水处理厂钢筋混凝土水池渗漏原因分析

（一）污水处理厂水池细部构造是渗漏的薄弱环节

施工缝、伸缩缝、沉降缝处理不当，止水带不牢、位置偏差，周围混凝土振捣不密实，穿墙管道表面不洁净、与混凝土黏结不良出现裂缝，施工时管道周围混凝土振捣不密实形成蜂窝孔洞，套管与穿墙管道间空隙密封不良；加强带未按设计或规范设置；预埋件安装前未将表面清理干净而造成与混凝土黏结时形成裂缝，预埋件周围混凝土未振捣密实形成蜂窝孔洞，与混凝土内毛细孔道连通引起渗水；钢筋及绑扎铁丝接触模板，出现渗水通路，对拉螺栓钢筋端头处漏水；保护层厚度控制不严，导致钢筋锈蚀，从而引起混凝土出现裂缝等。

（二）混凝土拌合物沉降裂缝

大流动性混凝土拌合物在混凝土初凝前，混凝土拌合物中的粗骨料始终处于一种自由体，虽然经过振捣器械进行了振捣，内部的孔隙也基本排除，但在混凝土内部的粗骨料在自身质量的作用下缓慢下沉，若是素混凝土，内部的下沉是均匀的，在混凝土硬化过程中，表面的裂缝一般均为施工人员在操作过程中所留下的脚窝因用砂浆找平后而形成的，因为这些裂缝是砂浆在硬化时产生的收缩（干裂）裂缝；但是只要在混凝土初凝时予以压光即可解决。

（三）钢筋混凝土采用的骨料

含泥量按要求不应大于 5%，而实际普遍偏高，使骨料与钢筋结合部产生微细的、不规则的交错裂缝；在施工时，构筑物壁厚度窄，钢筋布置较密，内外钢筋之间又有对拉螺栓，增大振捣难度，使混凝土振捣不均匀而产生渗漏。

（四）混凝土多采用泵送浇筑

要求混凝土的坍落度均较小，而实际为了泵送有利，会加大混凝土的坍落度，但是这样会造成混凝土骨料沉陷量较大和表面浮浆层较厚，级配不均匀，所以，在混凝土收缩时，表层的收缩量比内部大，因而造成裂缝渗漏。

（五）约束

当结构存在变形变化的趋势时，会受到一定的抑制而阻碍其自由变形，该抑制即称约束。当结构由此产生的拉应力超过其允许拉应力，更确切地说，当结构的收缩变形超过其极限拉伸时，裂缝就出现了。约束可分为内约束、外约束，污水处理厂构筑物主要考虑外约束的影响。裂缝的产生既与变形趋势的大小有关，同时又与约束的强弱有关。在相同的收缩趋势下，约束越强，结构越容易开裂。无约束时结构可自由变形，此时变形最大，约束应力为零。但在工程建设中往往只重视造成变形趋势的因素，而忽视约束的存在、作用，结果裂缝控制措施既不合理又分不清重点。底板的约束体：底板下地基、基础等形成对底

板的约束。池壁（墙体）的约束体：从施工工艺来看，构筑物的底板和池壁（墙体）一般是分开浇筑的，先浇筑底板和底板上 30~50cm 高的墙体，这段矮墙体的顶端即施工缝，过一段时间后再浇筑其上的池壁，并会再次形成施工缝。因此，施工缝下的墙体对新浇池壁构成约束作用。

二、渗漏的预防与治理

（一）从工程设计的角度

工程设计中的一些关键内容直接决定了裂缝控制的成败，在设计方面多做一些分析研究工作，常常可以收到事半功倍的效果。①审查设计图纸，详细了解设计单位在控制裂缝方面的设计思想和设计方法，并审查其是否技术先进、经济合理、安全适用；②对大型沉淀池、生物池，当水压力产生的环向拉应力很大时，可采用预应力混凝土结构。圆形水池的水深超过 6.0 m 时，池壁的竖向宜施加预应力；③合理确定构筑物的砼等级，有的设计人员把高 3~4 m、厚 30~50 cm 的池壁（墙体）砼等级盲目提高到 C45、C50 甚至 C55，这常常会导致混凝土中水泥用量的增加和高标号水泥的使用，给构筑物裂缝控制增添难度。在满足各项设计要求的前提下，构筑物砼等级控制在 C25~C35 之间较好；④结构尺寸、配筋应有利于裂缝控制，当构筑物的池壁（墙体）、底板厚度为 20~60cm 时，可采取增配构造钢筋的方法提高混凝土的抗裂性能。

（二）从工程材料的角度

①审查构筑物的混凝土配合比设计，尽量采用水化热较低的水泥，把每立方米混凝土中的水泥用量控制在合理水平。对于一般结构，每立方米混凝土中的水泥用量最好能控制在 350 公斤以下。当水泥用量达到 400~500 公斤/立方米时，结构不仅容易开裂，而且裂缝的出现和开展有时会延续 2~3 年之久；②采用"双掺"技术，适当降低水灰比和坍落度，减少混凝土收缩性。在采用泵送商品砼时，尤其要注意这点；③审查砼外加剂的种类、质量以及是否有成熟的使用经验；④粗、细骨料的选择应有利于减少水泥和水的用量，满足施工工艺要求，并严格控制砂、石中的含泥量。

（三）从工程施工的角度

①从裂缝控制的角度，严格审查施工单位提交的有关施工组织设计，审查混凝土的浇筑、振捣、养护方法。工程中伸缩缝或沉降缝止水带一般采用橡胶止水带，橡胶止水带在厂家制作，订货时计算好各段的准确尺寸以及接头数量，到货后按规范要求做物理力学性试验。其中间空心圆环应与变形缝的中心线重合。止水带应妥善固定，安装时采用上下两块带企口的木模板及"U"形筋固定并应注意成品保护。底板止水带底面下的接缝要振捣密实，赶出气泡。橡胶止水带不得在露天堆放或暴露于阳光的直射下。管道与穿墙套管间应按设计或规范要求做好密封。管道与穿墙套管均应去除表面油污、铁锈，应经防腐、防

锈处理，防止与混凝土黏结不良。②要高度重视对构筑物混凝土的养护。由于竖向结构不能蓄水，对池壁（墙体）的养护一直是混凝土养护工作中的一个难点。经过不同养护方法的实践，笔者认为，对于池壁（墙体）这类竖向结构而言，在对拉杆双面满挂草帘或棉毡，并定期浇水湿润是一种较好的养护方法。对于底板，可采取蓄水或覆盖草帘或棉毡，并保持湿润的方法进行养护。③在完成相关工序和满足抗浮要求的条件下，地下构筑物应尽早回填，尽量缩短暴露时间。

污水处理厂构筑物裂缝控制中，池壁（墙体）结构是控制的重点和难点。重视做好混凝土结构的振捣及养护工作。采取的对应措施才会有针对性，做到科学、经济、有效。

第四节　混凝土水池施工防水

在我国现代化建设中，建筑业是关乎民生发展的一个行业，其建设质量和性能直接影响工程的社会效益。随着人们生活水平的提高，对现代工程建设也提出了更为严格的要求。本节将以现浇混凝土水池项目为例，对其施工技术和防水措施进行深入的探讨研究，希望可以为今后的施工作业提供一定的参考。

在我国水利建设过程中，现浇混凝土水池是十分重要的一个项目。它是工程排水的关键控制点，在工程整体运行中发挥着不可或缺的作用。因此，在具体施工的过程中，施工单位要加强对施工质量的控制力度，保障其性能和质量满足相关规范标准，尤其是在防水方面，必须采取科学的工艺措施以提高其防水能力。

一、现浇混凝土水池施工技术研究

（一）对设计方案进行优化

在进行现浇混凝土水池施工方案设计的过程中，为了确保后续施工作业的顺利进行，一定要尽可能地保障设计方案的优越性和合理性。设计工作的要点主要有三点：首先，对伸缩缝进行合理的设置。混凝土的特性决定了其在现浇作业的过程中必然会因外部环境的影响出现膨胀或是收缩现象，极易引发裂缝和材料剥落等现象。这就需要设计人员结合工程现场的实际情况，基于工程施工的具体要求，对伸缩缝的位置进行合理设置。其次，科学设计混凝土水池的结构形式，在进行这项工作的过程中，设计人员要综合考虑水池结构的工作性能以及使用功能，防止水池在施工作业的过程中出现开裂现象。再次，在进行混凝土水池施工的过程中，要对工程施工相关要求进行明确，注意混凝土水池结构受力情况的平衡控制，避免出现应力过度集中的情况，威胁到水池的整体质量。

（二）对混凝土质量进行严格控制

在现浇混凝土水池施工中，混凝土的质量直接决定着工程的施工质量，因此，施工单位必须加强对混凝土质量的控制，以确保材料质量、数量、规格等均符合施工作业的要求。首先，在材料采购环节，采购人员必须要对工程标准进行全面的了解掌握，并根据工程施工进度计划和施工项目制订完善的采购计划，最好配备专业技术人员对材料质量进行监督控制，确保所有选购材料均符合设计要求。其次，在施工现场，要做好材料的保管存储，以确保混凝土材料性能不受损害。在混凝土配置中，要严格遵守"现拌现用"的原则，基于实验室配比结合现场环境条件做出适当的调整，保障混凝土配合比的合理性。除了水泥之外，其他诸如砂石、外加剂等材料也应该进行严格的筛选，合理控制用水量。

（三）现浇混凝土水池池壁和底部模板支撑

在进行混凝土浇筑作业的过程中，为了提高施工效率和质量，施工单位要注意池壁的模板支撑工作。根据现场情况构建最合适的模板体系，如对拉螺栓内支撑结构。在模板体系确定之后，要对模板材料进行严格的筛选。良好的池壁模板支撑可以确保池壁顺利成型，避免坍塌等问题的出现。此外，池壁模板的强度和刚度必须经过精密的计算，更好地适应模板支撑高度和混凝土浇筑方式。对于水池底部模板，应和池壁模板进行平顺接茬，这就需要施工人员对池壁模板根部吊模尺寸和轴线位置进行精准控制。

（四）对后浇带进行合理设置

在进行现浇混凝土水池施工作业的过程中，材料、人员、工艺等方面的因素都可能引发膨胀、收缩、沉降等方面的问题，威胁到施工质量，因此，后浇带的设置就显得至关重要。在具体施工的过程中，作业人员要秉持"数量适当，位置合理"的原则。通常来讲，后浇带的宽度一般应控制在700mm ~ 1000mm之间，各个后浇带之间的距离则应保持在20mm ~ 30mm之间。后浇带的宽度设置有助于施工人员对混凝土温差和收缩应力进行控制。

（五）混凝土浇筑和养护施工

在混凝土水池浇筑施工中，施工人员要严格把握浇筑作业的时间和顺序，这样有助于混凝土的散热，避免裂缝问题的发生。一般来讲，混凝土浇筑温度应控制在25℃以内。在施工作业的整个过程中，都需要对混凝土温度进行动态监测。与此同时，对池壁进行必要的振捣，提高混凝土的密实度。施工单位在完成混凝土水池浇筑作业后，必须进行一段时期的养护。养护措施应视现场实际环境条件而定，在高温情况下，应采取洒水措施。在寒冷环境下，应在混凝土表面覆盖草席。

二、现浇混凝土水池防水措施介绍

防水是现浇混凝土水池必须具备的一项功能，施工单位一定要加强对防水工作的重视，并根据现场情况采取科学合理的防水措施。在现浇混凝土水池施工作业中，设置止水带是施工单位最常采用的防水措施，其中金属止水带多安置在施工缝部位，主要是通过扩大混凝土施工结合面积的方式提高其防水性能。在具体施工作业的过程中，为了保障施工质量，作业人员应注意材料质量的把控，选择性能材质较好的钢板，钢板宽度和厚度视现场情况而定，一般为 300mm 和 3mm。首先，对拉螺栓进行水平支撑架，确保止水带垂直度。在施工结束后，工作人员要做好止水钢板的清理工作，避免外部污染对钢板性能产生损害。在进行上部浇筑后，施工人员应使用高压气枪对水池底部残留的混凝土和污染物进行冲洗。一般来讲，混凝土首层浇筑砂浆的厚度应控制在 2cm 上下，这样一方面可以保障混凝土表层的湿润性，为结合层施工提供便利；另一方面则便于木板支护情况的检查，避免建筑物尺寸出现误差。橡胶止水带多用于混凝土水池的伸缩缝或是沉降缝等部位，在具体作业中，工作人员应严格遵守工艺操作规范和流程，对橡胶止水带的型号以及填缝材料进行合理的选择和规划。

除了设置止水带之外，还可以在缝隙上部灌入防水密封胶，为了避免密封胶施工完成后遭到破坏，在施工结束后，要对其内部进行细致的清理和消毒。现阶段比较常用的密封胶主要有两种，分别是墙体密封胶和水池底板密封胶。

在混凝土垫层表面铺设沥青油膏，这一做法的主要作用有：首先，避免水池内部液体出现外渗；其次，防止地下水向上渗透，保障混凝土结构安全，其作用机理是在高温环境下，油膏会受热软化，和混凝土垫层表面紧密贴合在一起，在水池底部形成一个密实的沥青层，发挥良好的防水作用。

综上所述，在水利工程建设中，现浇混凝土水池的施工质量直接影响着工程的整体质量。为了保障施工的有效性，施工单位要做好施工方案设计，制定科学的配合比，做好材料质量把控，做好浇筑控制和养护施工，根据现场情况合理选择防水措施，促进施工质量的提升。

第五节　污水处理厂工程沉淀池施工

污水处理厂是城市居民生活废水和工业废水的处理中心。由于我国水资源的紧缺和污染加剧，污染的水资源的浓度较高，对环境形成严重的污染。污水处理厂对废水的处理起到了不可替代的作用。本节针对当下污水处理厂工程的沉淀池施工展开探讨，对污水处理厂沉淀池的施工方法进行讲解，对水池底板的施工、池壁施工及黏结预应力等技术环节进行研究，以此促进污水处理厂沉淀池的施工应用。

当前，我国的科技的飞速发展和经济水平的不断提高，导致了我国环境资源的问题也层出不穷，我国虽然幅员辽阔，但人口数量庞大，人均水资源不足是我国首要解决的一大难题，其中，水资源的匮乏和污染问题成为重中之重。由于我国对水资源的保护意识较差，导致我国近年来水资源的浪费和污染现象严重。我国由于人口基数大，工业建设规模数量不断增多，导致我国每天产生大量的污水，并且极大一部分的污水没有得到有效处理。因此，我国应对污水采用有效的措施，加强污水的有效处理。在污水处理厂的建设中，对污水沉淀池应加强重视，科学合理地对其施工建设。

一、污水处理厂工程沉淀池施工内容

污水处理厂沉淀池是生化前或生化后可使沙泥和水的分离的构建物，可以有效地分离污水中的杂质颗粒。初沉池是生化处理之前的沉淀池，所沉淀的沙泥多为无机物，其中，污泥杂质的含水量明显比二沉池少。二沉池是在生化初沉池之后进一步沉淀净化。污水处理厂沉淀池的施工的工序是测量工作，对水池的尺寸进行放线，污水池地基的挖掘，排水线路、沉淀池的底板、水池筒壁的施工，沉淀池内板施工，池壁和钢筋混凝土施工，预埋件施工，池壁应力筋张拉。

二、污水处理厂工程沉淀池的具体施工方法

（一）污水处理厂沉淀池底板施工

第一步，在污水处理厂的底板的施工中，第一步要放线员要弹出模板边线，随后是绑扎水池底板钢筋，在绑扎施工的过程中，对池壁钢筋绑扎时要预留空间。施工人员对于施工缝的预留应该在池底和池壁连接处，绑扎完成底板钢筋后，安装八字形吊模。施工人员应该注意在施工时，八字吊模的安装不可对钢筋造成影响，施工人员应对底部吊模尺寸和位置进行有效把控，只有这样才能有效地保障污水处理厂的沉淀池底板施工的有效进行以达到预期效果。

第二步，在沉淀池的底板施工中，水池底板的一般是用泵浇筑，坍落度为 $100 \pm 2mm$，在施工过程中，施工人员应在底板的边缘区域进行浇筑，混凝土的浇筑的厚度和宽度应以水池底板的厚度和混凝土的供应能力来判断，在混凝土的浇筑过程中，为使浇筑后水池的质量有所保证，浇筑混凝土的时间不宜间隔过长。为了提高污水处理厂的沉淀池池壁边缘和角落的混凝土强度，在混凝土对底板浇筑时，应多次对混凝土进行细致的振捣，尽量使各个区域的混凝土密度保持一致。在混凝土浇筑完成后，要根据当地的温度和湿度以及天气，对浇筑物的表面进行洒水养护，以防止混凝土表面开裂，洒水养护时间保证在 15 天以上。

（二）污水处理厂沉淀池的池壁施工方法

在污水处理厂工程沉淀池的池壁施工中，必须要遵循施工的顺序，具体的顺序如下，第一步，施工人员应对沉淀池的池壁上残留的混凝土进行清理；第二步，拆除施工缝和八字形吊模；第三步，绑扎水池池壁钢筋，并设置无黏结预应力筋；第四步，检验池壁钢筋，安装池壁模板；第五步，对池壁的模板进行混凝土浇筑，浇筑完后必须进行合理的养护，然后进行池壁模板拆除，对部分裸露的混凝土进行养护；第六步，对预应力张拉端部进行处理，然后进行张拉操作。

在污水处理厂工程沉淀池池壁的施工中，沉淀池池壁应采用非预应力钢筋绑扎方法，可使钢筋搭接长度与架子之间保持合理距离。在无黏结预应力筋的使用过程中，应在正视使用前，对钢筋的型号和尺寸进行严格的检验，并且对相关的施工配件逐一进行检查，如发现无黏结预应力筋的包裹层出现损坏，应使用胶带进行修补。无黏结预应力筋是池壁施工中必不可少的材料，其施工的质量对施工的整体的效果有着极大的影响，在施工中，应在每 2m 设置马凳筋，马凳筋应绑扎在池壁环向钢筋上。在无黏结预应力筋安装完成后，再进行混凝土浇筑，为使池壁施工效果提高，在砼浇筑的过程中，应对锚具予以保护，不可使锚具位置产生偏移，针对此项要严格审查，以确保位置准确，浇筑完成 12 小时后对混凝土进行养护。

（三）无黏结预应力张拉的使用

在污水处理厂工程沉淀池施工中，无黏结预应力筋的主要作用是使池壁能够受力对称，在一般情况下，可以利用六台前卡式千斤顶对其中三根无黏结预应力筋进行拉伸，并且要按照自上而下的顺序张拉。在张拉的过程中，首先要接通油泵，然后增压。首先张拉其中一端的钢筋，将张拉压力值升至到 2.5mpa，然后停止增压，重新调整千斤顶位置，然后再继续增压到预先的设定值时，才可停止。在测试过程中，如果千斤顶的位置无法达到预先设定值时，应暂停增压，将千斤顶的压力收回，对加压的位置进行调整，重新张拉，两端的张拉要相互配合，以达到预期效果。

我国一直都是资源利用大国，在我国社会进程不断加深的情况下，对各类资源的开发数量也急剧攀升，与此同时，水资源的消耗并没有得到有效控制。因此，对污水的整治问题迫在眉睫，污水处理厂的建设可以有效地缓解这一问题，污水处理厂沉淀池作为污水处理厂最重要的设备，对污水的沉淀过滤有着不可替代作用，在污水处理厂沉淀池的施工建设中，施工单位应对施工的步骤全面掌握。对污水处理厂沉淀池底板及池壁的施工和无黏结预应力张拉的使用了解和掌握，以此促进我国污水处理的质量和效率，提高我国的水资源利用率。

第五章 污水处理厂污泥设备研究

第一节 污水处理厂污泥脱水设备

在城市污水处理过程中产生的污泥具有产量大、含水率高、气味特殊、易腐烂等特点，如何优化污泥处理工艺并合理选择污泥脱水设备，是当下需要考虑的重要问题。

一、污泥脱水处理

当前污水处理厂的污泥主要是含水量为95%～99.2%的初沉池污泥、生化池剩余污泥及深度处理的化学污泥，而污泥的体积通常是其所含干物质体积的数十倍，且不利于运输，因此，需要采取有效的技术手段对污泥进行处理。污水处理厂一般通过污泥浓缩、污泥脱水这两个环节对污泥进行处理。污泥浓缩主要是指利用重力特点将污泥含固率有效提高，如果单纯地利用重力浓缩池对污水进行处理，将会耗费大量的时间，并且污水中的有机物会因微生物的作用而腐败变臭，严重影响污水处理厂的卫生状况。因此，在实际处理过程中，当利用重力浓缩池将污泥的含水率降到94%～96%后，需要利用污泥脱水设备将污泥的含水率降至80%以下，以利于后期的运输及处置工作。当前常见的污泥脱水设备有带式压滤脱水机、离心脱水机和板框压滤脱水机。

二、脱水设备介绍

（一）带式压滤脱水机

带式压滤机一般由滤带、辊压筒、滤带张紧系统、滤带调偏系统、滤带冲洗系统和滤带驱动系统组成，由上、下两条张紧的滤带夹着污泥从一连串按规律排列的辊压筒中呈S形弯曲经过，靠滤带本身的张力形成对污泥的压榨力和剪切力，把污泥中的毛细水挤压出来，以获得含固量较高的泥饼，从而实现脱水。脱水出泥含水率通常控制在80%以下。带式压滤脱水机要使用具有较强渗透性的滤带，并且需对污泥进行化学处理。带式压滤脱水机对进泥絮凝效果有较高的要求，若污泥质量无法达到要求，将会严重影响其出泥质量及脱水效果。带式压滤脱水机较为成熟、可靠，前期投资和维护费用较低。

带式压滤脱水机在运行过程中需要利用高压水对滤面进行连续冲洗，且无法将运转环境完全封闭，因此，在工作间内存在水、气溅溢现象，使污水处理厂的生产环境较差。带式压滤脱水机存在进料不均匀的现象，会在一定程度上影响脱水效果，因此，对操作人员的技术水平要求较高。

（二）离心脱水机

离心脱水机主要由转鼓和带空心转轴的螺旋输送器构成。污泥由空心转轴送入转筒后，在离心力作用下，立即被甩至鼓腔内。污泥颗粒由于比重较大，离心力也大，被甩贴在转鼓内壁上，形成固体层；水分密度小，离心力小，在固体层内侧形成液体层，固体层在螺旋输送器的缓慢推动下，被输送到转鼓的锥端，经转鼓周围的出口连续排出，液体层则由堰口连续溢流排至转鼓外，形成分离液排出。进泥方向与污泥固体的输送方向一致，称为顺流式离心脱水机；进泥方向与污泥固体的输送方向相反，称为逆流式离心脱水机。离心脱水机通常会将脱水出泥含水率控制在 80% 以下。离心脱水机整体使用寿命大于 15 年，推料器叶片运行寿命大于 15 000 h，主轴承最短使用时间为 100 000 h。离心脱水机具有优良的密封性能，污泥、水、臭味不会从机内溢出而污染操作环境；其进料、分离、排出滤液和泥饼的工作过程是连续的，能每天 24 h 运行，具有较高的工作效率。离心脱水机有自动清洗装置，在每次停机时都能够自动对转鼓进行清洗，但离心脱水机价格昂贵，需要投入大量的资金且后期维护费用较高。

（三）板框压滤脱水机

板框压滤脱水机是一种间歇性操作的加压过滤设备，主要由以下部分组成：机架部分、过滤部分、液压部分、吹脱系统、卸料装置和电器控制部分，其中包含滤板压紧、低压进泥、高压进泥、压榨、反吹、滤板松开、卸料、洗涤等工序，其操作过程为：经调理后的污泥通过隔膜泵或螺杆泵注入压滤机中，快速实现泥水分离，进泥最大压力为 0.8 MPa，进泥时间一般为 1.5 ~ 2.5 h；停止进泥后，通过多级离心泵加压，压滤机中的隔膜对污泥进行强制挤压、脱水，压滤时间一般为 20 ~ 50 min，压力为 0.8 ~ 1.2 MPa；之后利用 0.6 MPa 的高压空气吹脱压滤机中心进泥管中的污泥及空腔内的滤液；再缓慢松开压滤机，排尽剩余滤液；最后卸除压滤机内的泥饼。板框压滤脱水机适用于各种悬浮液的固液分离，适用范围广、分离效果好，能将脱水出泥含水率控制在 60% 以下。然而，板框压滤脱水机在实际运行过程中存在诸多弊端：滤框给料孔极其容易出现堵塞现象，且夹在滤板和滤框之间的泥饼取出较为困难，无法持续作业，且机身容量较小，无法对大量污泥进行脱水；在板框压滤脱水机使用过程中，滤布的消耗较大，需要动用较多人力、物力对滤布进行清理，车间的卫生环境也无法得到有效保证。

综上所述，市政污水处理厂应结合自身的实际情况及使用要求来选择污泥脱水设备。带式压滤脱水机可以满足污泥脱水的要求，工程投资低，是一种较为经济、实用的污泥脱水设备；若对投资不敏感且对污泥处理连续运行及出泥质量要求极高，则可以选择离心脱水机；若后续处置对脱水污泥含水率要求较低，可以选择板框压滤脱水机。

第二节　污水处理厂污泥处理处置设备

国内污泥处理处置设备市场存在设备分类不系统、生产标准不全面、规范不具体等问题，探求一种科学性强、行之有效的污泥设备评价标准体系来规范污泥处理处置设备市场是非常迫切的。本节论述了建立污泥处理处置设备评价技术标准体系的必要性和紧迫性，提出以评价标准体系作为规范污泥处理处置设备市场准入和引领先进的依据，进而为我国污泥处理处置设备产业化发展提供技术支撑。

"水十条"的出台表示我国污泥处理处置领域已步入快速发展期。污泥处理处置市场前景美好，却面临着商业模式不清晰、技术集成困难和产业推广艰难等困境。同样，污泥处理处置设备行业也存在着同样的窘境，国产污泥处理处置设备在市场竞争中处于弱势，集中表现为设备种类繁杂且大部分设备为非标设备。不同厂商生产的设备技术良莠不齐，自主创新能力低、设备成本高、定期更换周期长、耗电量较大以及运行不稳定等，影响了技术的创新研发和产业发展。

目前，我国污泥处理处置设备标准化工作的建立正处于起步阶段，还未开展设备整体情况（性能、能耗、运行水平、市场潜力等）的综合评价，无法满足当前水务工作者在实际工作中对设备选取和使用的需要。

一、污泥处理处置设备评价存在的问题及建议

通过查阅相关资料以及现场调研，对污泥处理处置设备评价中存在的主要问题进行归纳总结，并结合国内外设备评价的经验提出以下建议。

污泥设备分类不系统、生产标准不完善、规范不具体。科学技术的迅猛发展使污泥设备呈现多样化、复杂化、大型化、自动化和模块化等特点，这给污泥设备分类工作造成了一定的困难；同时，由于设备生产标准不完善，企业生产的污泥设备层次不一，而且很多设备为非标产品，致使一些技术落后、质量不过关、运行不稳定和缺乏正常售后服务的设备流入市场。建议国家主管部门根据我国国情和设备的适用范围，汲取相关部门、企业和专家的意见，分别制定设备的设计、生产、验收、维修以及售后服务等方面的标准和规范，依靠行政的手段规范污泥设备市场，以保障设备市场的良性发展。

尚未建立污泥设备评价机制。缺少污泥设备评价管理办法，加之设备种类多、型号多、数量多、适用范围参差不齐等问题，设备整体的规范化评价工作在工程中较难实施，增加了设备运行管理难度，无法保证系统设备全生命周期的稳定和正常运行。建议国家有关部

门制定污泥处理处置设备评价管理办法,并根据设备各自特点建立设备的设计、生产、验收、运行和维护等全过程的评价机制及相关细则,通过科学的评价方法和手段确保污泥处理处置设备评价工作的正常运行。

设备缺少评价指标体系。污泥处理处置设备评价研究尚处在起步阶段,加之缺乏污泥处理处置设备生产企业及运行单位的基础数据做参比,缺乏系统的评价指标体系。在现有污泥设备生产企业的调研基础上,为保证设备的质量和性能要求,主管部门应针对不同的设备(或系统),分别建立相应的评价指标体系。只有建立科学的评价指标体系,才能保证污泥设备的评价,提高污泥设备正常运行的管理水平。

缺乏检测手段保证设备、系统功能和性能达标。缺少相关设备的检测标准(方法)的支持,难以保证设备性能运行正常,使设备整体效果综合评价工作难以有效开展,设备优劣难分、恶性竞争等现象屡屡发生,影响整个污泥设备市场的健康发展。在现有设备技术性能检测方法的基础上,可以引入传感、计算机、光纤等在线技术应用于检测设备或系统的各种参数,完善设备的行业、国家检测标准体系。

总而言之,目前我国污泥处理处置设备的评价工作存在较多的问题,构建科学合理的城市污水处理厂污泥处理处置设备评价标准体系,对社会以及环境都具有重要意义。

二、污泥处理处置设备的评价标准

(一)标准现状

我国污泥处置产业刚刚起步,相关的政策法规、标准和管理体系很不完善。虽然我国已陆续发布20余部有关污泥处理行业的政策、标准规范、技术指南等,但这些文件多集中在技术政策或技术指南等细节性上,涉及污泥设备的内容非常有限,仅对噪声等做了简单说明。而污泥处理处置设备标准相对较少,且各设备标准分布也不均衡,有些设备(如板框压滤机)的标准相对较为完善,在设备的形式与基本参数、技术条件、滤板和隔膜滤板几方面,对设计制造、验收及包装等环节做了较为详细的规定;有些设备(如干化设备、厌氧消化设备)的标准却尚未建立;同时,污泥处理处置设备技术、经济、运营、管理等相关的配套保障、激励等政策体系尚未形成,这在很大程度上影响了污泥设备及产业化的评价。

另外,现有的污泥设备标准多属于行业协会制定的行业技术规范,且分属于不同的主管部门,在指标及其基准值的设置方面存在差异。因此,主管部门需要构建适合不同污泥设备的共性评价方法并固化形成国家标准,规范污泥设备及系统装置整体评价技术要求,并根据设备特点量身定做个性化的规范标准,以指导污泥设备的设计、制造、安装、调试、运行管理及维护等全过程。

(二)评价标准的重要性

污泥处理处置设备评价标准是评价污泥设备生产水平、运行效果及应用前景的客观尺度和参考依据。根据评价对象可以分为质量评价、性能评价、运行效果评价及安全风险评价等。对单体设备的质量及性能评价可对市场准入进行科学指导；而对成套系统运行效果及安全风险的评价可对设备评优、技术引领提供有力支撑。由此可知，完善的污泥设备标准体系可以提高设备市场准入门槛，鼓励先进、淘汰落后，以规范和引领行业的良性发展和进步。

（三）标准制定原则

首先，编制污泥设备评价标准应与国家相关法律法规和政策保持一致。政策包括但不限于以下内容：产业政策，资源与能源的开发利用与节约政策，有关技术装备的示范推广、改造应用、限制淘汰政策，生态建设与环境保护政策，资源综合利用政策等。

其次，国家系列标准编制应根据具体的污泥设备性能，编制高要求的污泥设备评价技术标准，做到科学合理和可操作。

再者，污泥处理处置的多元化发展，要根据污泥处理处置技术本身的特点，完善污泥设备多元化的标准体系，做到量身定做。

三、污泥处理处置设备评价体系的构建

（一）评价主体对象确定

根据污泥处理处置工艺流程，污泥设备涉及污泥预处理、浓缩脱水、干化、消化、堆肥、焚烧、制砖等不同工艺设备。因此，应对污泥单体设备及成套系统进行科学、准确的梳理。以污泥厌氧消化系统为例，它的运行一般以一个系统存在，不以单个设备存在，而是一个技术工艺系统。因此，针对城市污水处理厂污泥处理处置设备，需要评价的对象可分为两类。

一类是成套系统，如厌氧消化系统、堆肥系统、焚烧系统等。以厌氧消化为例，需要对搅拌、加热、消化罐、固液气分离、热交换、净化等设备组成的系统进行综合评价（如性能、能耗、运行水平、稳定性、安全性、经济性等），对运行单位的运行管理也要进行考核，以评价设备整体运行效果，确保系统装置运行的可靠性和有效性。

另一类是单体设备，如刮泥机、离心脱水机、板框压滤机等。根据设备管理中的"二八原理"，即 20% 的设备关系 80% 的安全等级和生产效率，还需要评价关键单体设备本身的"高性能"（如能耗、稳定性等），同时对生产企业的生产管理也要适当考虑，以评选出高性能的设备，鼓励先进、高效设备的生产。

以上两类设备评价，关键单体设备的运行效果均是其最为关键的一环，需做到关键单体设备性能可定量，以判断单体设备或整个系统的水平。因此，关键单体设备评价要先行制定其高要求评价标准，以作为污泥设备评价的依据。

（二）评价原则

功能是各种设备的基本属性，买设备就是买它的功能，这是评价设备优劣的关键因素之一。当然，不仅需要评价功能、质量、安全、经济、环保等方面的指标，同时还需要关注各种设备的特性指标。指标选取应既全面又精简，做到重点突出、由繁到简，具有可操作性。选取的评价指标要保证科学合理，如实反映污泥处理设备的整体情况，需符合以下六个原则：

一是科学性。科学是能真实反映客观事物发展方向，找出衡量污泥设备的主要影响因素，并能指引行业的发展方向。评价指标要有确切目的和精确界定，以确保所构建模型的科学性。

二是全面性。设备评价体系要能全方位展现设备的方方面面，该评价指标体系可以依照评价因素的重要性相互联系起来，构成井然有序的有机整体；也可以从设备本身性能、经济效益、运行效果、销售潜力等多方位来反映设备的特征和状态。同时，选择的指标要有代表性，要能体现设备的主要特征。

三是可比性。指标系统中层次相同的指标，理应符合可比性原则。

四是可操作性。评价指标应做到概念清晰、定义准确，相关数据易于获取，并且评价指标力求简洁、适用。与此同时，指标数量不宜过多，在相对完善的情况下，尽可能地压缩指标数量，如指标数量过多则难以把握与操作。

五是定性与定量相结合。指标选取应以定量指标为主，而对于难以量化的重要指标也必须予以考虑，可采用专家调查问卷方式，将其作为定性指标。

六是系统性和层次性相结合。影响污泥设备评价的因素众多，这些因素由层次不同、要素不同的因子构成，故确立指标时要用到系统论的方法，先目标分解再综合分析，便于从不同侧面得出评价目标的各个重要影响因子，也要表明系统有着层次性并且各分系统间既相互独立又相互联系，从而得出各层次指标因素的权重。

（三）识别影响因子，确立共性评价指标

污泥处理处置设备评价实质上是对污泥处理处置过程中所有设备的质量状况、运行状况及产业化情况进行客观评价，设备类型的差别给评价增加了难度。因此，评价过程必须有选择地剔除实物状态的一些差别，对实体设备进行抽象，这样才可以找到所有设备的共性，只有这样才能使设备的综合评价更具科学性。

影响污泥处理处置设备综合情况的因素繁杂，通过对这些因素的详细把握，分析污泥设备的各因素及其关联度，可以有效地评价设备的综合状况。因此，从科学性出发，一切影响污泥设备运行及产业化的因素全部可以看作评价指标。但是，由于污泥设备是复杂的，全部影响因素都作为评价指标难度很大，实际操作上应该进行取舍。在此基础上，总结提炼出评价指标体系的共性指标，并确定各级指标大致的选取方向。

（四）建立评价指标体系

对关键单体污泥处理处置设备和成套系统生产及运行过程中影响污泥出泥效果的因子进行分析是本研究的核心内容。通过对已有的污泥设备标准进行分析，配合对工程实践案例的调研，以及前人所开展的设备及工程后评价等结果，初步甄别出关键单体设备和成套系统生产及运行过程中影响污泥出泥效果的因子。这些因子包括设备本身的性能参数、运行、管理及维护等过程的某些配置因素。

结合层次分析法，确定污泥设备评价指标的层次，其体系一般由一级指标和二级指标组成，在设备评价指标较多的情况下，也可以设置三级指标。其中，一级指标包括技术性指标、经济性指标、环保性指标、管理性指标及产业化指标等几类指标，每类指标又由若干二级指标组成，二级指标中应标示出限定性指标（如噪声等）和各设备的特征性指标。一级指标的设置围绕污泥处理处置设备的共性提出，反映污泥处理处置设备生产、运行、维护及产业化推广；二级指标依据各设备本身特性设置，反映其生产、运行和维护等方面，要具有针对性、适用性和可操作性，并能引领行业技术进步。

（五）指标权重及基准值

指标权重的确定是设备综合评价的重要组成部分，指标权重确定适当与否，将直接关系评价模型的好坏。污泥设备评价必须同时考虑多个方面、多个环节和多个因素，涉及多指标的综合评价，不宜采用简单的方法确定权重，为削弱主观赋权法（专家咨询法、层次分析法等）的人为主观偏见，避免客观赋权法（主成分分析法、熵值法等）的权重有可能违背指标的实际意义，结合行业特点，综合考虑一级指标和二级指标的权重，宜采用主客观相结合的方法，这是确定具有准确程度高的评价模型不可或缺的环节。

指标基准值宜采用定性和定量结合的方法，定量指标应可计量并考虑基准值的选取，指标基准值的确定可来源于相关标准或参考行业平均水平，部分难以量化的二级指标的基准值可分为三个等级：Ⅰ级为国际领先水平，以国内 5% 设备达标要求取值；Ⅱ级为国内先进水平，以国内 20% 设备达标要求取值；Ⅲ级为国内一般水平，以国内 50% 设备达标要求取值。定性指标可设计为勾选项或是否的判断指标，便于操作。

（六）体系框架构成

评价系统的建立是一个烦琐的过程。整体上对评价对象进行细致的考察，区分出对象的属性或功能；然后根据对象的属性或功能建立评价指标，并对指标进行归类、改进；再把评价指标输入评价系统模型，得出对象的评价结果；最后根据评价结果对模型进行优化。

污泥处理处置设备评价系列标准是评价污泥处理处置设备的核心部分，因此，要结合设备本身的特点和我国的实际国情，完善以设备设计标准、方法标准、产品标准和管理评价标准等为主体的标准体系框架构建。

四、实例分析

对评价设备来说，首先要确定评价尺度（评价指标、评价标准），然后用该评价尺度对评价对象进行评价，确定其价值。以浓缩脱水设备中的板框压滤机为例，对板框压滤机的评估体系的构建进行实例分析：

选取评价标准。以国家产业、节能降耗等政策以及涉及板框压滤机的标准规范等标准文件为依据。

建立指标体系。以评价标准为基础，结合层次分析法，建立板框压滤机的指标体系。对其指标体系分为一级指标和二级指标。一级指标主要考虑技术指标、经济指标、环保指标和管理指标。同时，在一级指标下设置二级指标，板框压滤机的二级指标考虑如下。

技术指标：处理能力、滤室严密性、滤板和滤框间隙量、外观质量、滤饼含水率、自动化水平、安全性（安全防护装置、自动断电保护等）等；

经济指标：单位能耗、单位药耗、人工费用、投资成本、运行成本等；

环保指标：噪声、臭气等；

管理指标：设备质量的优劣与生产企业的管理有很大的关系，因此，需要对生产企业的管理情况进行充分考虑，如质保制度、企业管理水平、售后服务等。

确定评估模型。评估指标体系确定后，结合板框压滤机的特点，采用定性和定量相结合的方法确定板框压滤机评价指标的基准值，并利用主客观赋权法分别确定一、二级指标的权重，确定合适的评估模型。

优化评价体系。计算各个指标的评价值，得到整体性的综合评估值；然后通过专家咨询等方式对该评估结果进行分析和判断。在此基础上，对评估系统进行优化和修正。

污泥处理处置设备种类繁多，要遵循"一设备一标准"的思路，构建相应的设备评价标准体系。污泥处理处置设备评价标准体系研究是引领行业和规范污泥处理处置设备市场的重要抓手。

从设备的技术、经济、环保等方面进行考虑，采用恰当的评价尺度，确立合适的评价方法和模型，建立污泥处理处置设备评价体系，从而有效地为设备产业化发展提供科学支撑。

第三节　城镇污水处理厂污泥碳化技术

伴随着人们生活水平的提高，城镇污水、污泥的产生量与日俱增，这不仅给城镇污水处理厂带来了极大难度，同时也对污水、污泥处理技术提出更高的挑战。为了弥补城镇污水处理厂污泥处理技术比较落后的局面，应当高度重视污泥碳化技术的引进，以便做到科学合理、有效地处理污泥。本节着重分析了城镇污水、污泥处理的现状，进而探讨城镇污泥处理厂污泥碳化技术如何进行有效的应用。

总结国内外污泥碳化技术的发展经验，确定污泥碳化技术具有较高的应用价值，将其有效地应用于城镇污泥处理之中，不仅能够有效地处理污泥，还能够得到有利用价值的碳。所以，城镇污水处理厂应当高度重视并且积极引进污泥碳化技术，意在提高污水、污泥处理的水平。

一、城镇污水、污泥处理现状的分析

我国城镇化进程不断加快的今天，人们的生活水平有极大程度的提高，相应地，所产生的生活污水量与日俱增。据不完全统计，我国城镇生活污水设施的处理能力已达到两亿m^3/d，设城市污水处理率在80%以上，对生活污水予以有效的处理，以便提高水资源的利用率。但详细分析我国城镇污水处理的实际情况，确定大多数污水厂的污泥处理能力比较落后，难以实现无害化的处理。

回顾城镇污水处理厂的建立及发展历程，不难发现诸多污水厂在建设与处理污水的过程当中，着重于对污水的处理，而轻视污泥的处理，这就使污泥的处理能力进展比较缓慢，未能实现污泥的稳定化处理。可以说80%以上的污水厂虽然建设了污泥的浓缩脱水设施，能够对污泥进行一定的减量化处理，但是未达到稳定化的处理。也就是说污泥当中所含有的病原体、持久性的有机物等污染物并没有被彻底清除，那么这些污染物将会伴随着污水而持续性地流通，进而扩大污染面积，给环境带来严重的负面影响。所以，为了促进我国城镇化快速发展，真正迈入小康社会，应当高度重视城镇污水污泥的处理，尤其是尽可能地实现污泥的稳定化处理，以便将污泥当中所含有的污染物彻底清除，从而更好地保护环境，营造健康美好的家园。

二、国内外污泥碳化技术的研究进展

参考相关资料，确定污泥碳化技术具有较高的应用价值，能够有效地处理污泥，分离并且消除污泥中含有的污染物。基于此，本节对国内外污泥碳化技术的研究进展予以详细的了解，为更加科学合理地运用该项技术提供帮助。

（一）国外污泥碳化技术的研究进展

早在20世纪80年代，国外就开始进行污泥碳化技术的研究，到90年代美国、日本、澳大利亚等国家相继开展了小规模的污泥碳化技术生产性实验。比如，1977年日本三菱就在污泥碳化厂进行了规模化的处理；同年美国加利福尼亚州建立了污泥碳化实验场，同样进行了规模化的污泥碳化处理。而随着污泥碳化技术研究的不断进步，在2000年美国的低温碳化技术和日本的高温炭化技术相继成熟，并进行了大规模的商业推广，使该项技术在污泥处理中发挥了极大的作用。目前，美国、日本等发达国家已经构建了高速污泥碳化系统，并且采用了立体多级设计的炭化炉来进行污泥处理，这使污泥处理的速度较快、时间较短、占地面积较小，不仅能够有效地消除污染物，同时还能够保证整个过程安全、环保。

（二）国内污泥碳化技术的研究进展

相对于国外发达国家污泥碳化技术的研究来说，我国污泥碳化技术的研究起步较晚，是近些年才从发达国家中引入污泥碳化技术，进而推动国内污泥碳化技术一点点发展起来。比如，2005 年才将日本高温碳化技术引入中国市场，但因相关领域及工作者未能正确认识到污泥处理的重要性，加之高温碳化设备的价格昂贵，致使污泥碳化技术的研究、推广受阻。此后到 2012 年我国各地才陆续引进污泥碳化技术，如武汉引进日本高温碳化技术并建立了日处理能力在 10t 脱水污泥的生产线；湖北对日本连续高速污泥碳化系统技术予以引进、消化及吸收，这才促使近些年污泥碳化技术得到重视，并积极推广应用。但总体来说，为了使污泥碳化技术能够在我国各地广泛地应用，应当在借鉴国外发达国家污泥碳化技术研究经验的基础上，充分地考虑我国污泥处理的实际情况，对污泥碳化技术加以优化和创新，以便打造适应国内实情的污泥碳化处理生产线，为科学、合理、安全、高效地处理污泥创造条件。

三、城镇污泥处理厂污泥碳化技术的研究

总体来说，污泥碳化技术具有较高的应用价值，并适用于国内的城市污泥处理之中。当然为了有效地运用污泥碳化技术，实现污泥稳定化处理，还应当掌握污泥碳化技术的基本原理，根据城镇污水污泥处理的实际情况，科学合理地运用此项技术，以提高城镇污水污泥的处理水平。

（一）污泥碳化技术的基本原理

相较于干化或者直接焚烧等处理方法而言，污泥碳化技术具有能源消耗低、剩余产物中含碳量高、发热量大等特点，所以该项技术非常适用于城市污泥处理之中。当然，污泥碳化技术之所以具有较高的应用效果，主要是该项技术应用的过程当中能够在一定的温度和强度下，通过裂解的方式将生化污泥中细胞的水分强制脱出，使污泥中碳含量比例大幅提高，在经过干馏和热解的作用下，将有机物转化为水蒸气、不凝性气体及碳。目前，污泥碳化技术主要包括低温碳化、高温碳化等类型。

（二）高温碳化技术的应用

所谓高温炭化技术主要是在温度为 649℃ ~ 982℃ 之间且不加压的情况下，对污泥进行干化处理，使之含水量达到 30% 左右，之后利用碳化炉进行高温碳化造粒，进而得到碳化颗粒。科学、合理地运用高温碳化技术来处理城镇污泥，那么在工艺操作的过程中，能够直接利用污泥所含有的热值及碳化炉中产生的合成物来支持后续的干化操作，以便得到碳化颗粒；又因为该项技术能够对污泥进行干化处理，所以其能够使污泥量减少，并且

处理之后达到无害化、资源化的目的。所以，高温碳化技术具有较高的应用价值。当然，高温碳化技术也并非毫无缺点，其在具体的应用过程当中会造成能源消耗大的问题。这是因为污泥干化处理主要是将污泥当中的水分蒸发出去，而水分蒸发需要大量的热能支持，这势必会浪费大量的能源。投资大，这是因为高温碳化包括干化和碳化两部分，为了使两部分都能够良好地操作，那么对高温碳化系统的投资至少要高于纯干化系统的投资，加之碳化炉技术比较复杂，碳化颗粒制造要在高温 800℃以上进行，所以需要消耗大量的材料，相应地整个投资非常大。

（三）低温碳化技术的应用

与高温炭化技术不同，低温碳化技术没有干化环节，只有碳化环节。在具体碳化处理的过程当中，需要将压力设置为 10MPa 左右，温度调至 315℃，使污泥呈现液态，之后对其进行脱水处理，使之含水量在 50% 以下，之后进行干化造粒，又因碳化颗粒热值在3600 ~ 4900 大卡 / 公斤，所以，此时可以按照一定比例与其他燃料相混合，使其能够发生热化分解反应，如此能够将污泥之中的二氧化碳与固体分离，得到应用价值的碳质。由此我们可以看出，低温碳化技术所具有的优点，如能量消耗少、生产的碳化物具有较高的燃值等。但是我们在具体应用低温碳化技术的过程中，同样要注意规避其缺点，比如，污泥碳化物的热值并不能应用在污泥碳化系统之中，需要对污泥裂解液脱水后的生物浓液进行有效的处理，避免出现新的污染物。

经过本节一系列的分析，确定城镇污水、污泥处理水平虽然有较大程度的进步，但现阶段污泥处理还未达到稳定状态，这就意味着污泥处理后，污水之中依旧残留着污染物，伴随着污水而流通，造成更大范围的污染。对此，应当高度重视污泥碳化技术的应用，根据城镇污泥处理实际需要，合理地选用高温碳化技术或低温碳化技术，以便科学化、合理化、有效化地处理城镇污泥。

第四节　污水处理厂污泥脱水机房设计

本节对城市污水处理厂污泥处理工艺进行了简要介绍，重点阐述污泥脱水的工艺流程及处理方法，着重介绍污泥脱水机房的组成、污泥脱水机的类型及其附属设备的选型，并分别列举了板框压滤机、离心脱水机和带式压滤机的设计实例。

一、污泥处理工艺概述

在污水处理过程中，会产生大量的污泥。这些污泥不断产生，使污染物与污水分离，完成污水的净化。污泥处理工艺流程包括四个处置阶段：污泥的减量化、稳定化、无害化和资源化。

　　为了减少后续工序的负担，通常要进行污泥浓缩，使污泥含水率降到 95% ~ 98%，污泥浓缩的方法主要有重力浓缩法、气浮浓缩法、带式重力浓缩法和离心浓缩法，还有微孔浓缩法、隔膜浓缩法和生物浮选浓缩法等。

　　为了减少湿泥量，浓缩后的污泥要进行污泥脱水处理，以节省运输费用，易于处置。脱水后污泥的含水率在 75% ~ 80%。污泥脱水是整个污泥处理工艺的一个重要环节，其目的是使固体富集，减少污泥体积，为污泥的最终处置创造条件。

　　在污泥处理工艺设计过程中，应根据污水处理厂处理工艺、现状条件等因素，选用合理的污泥处理工艺。目前，城市污水处理厂较多采用的污泥处理工艺是：污泥→浓缩→脱水→泥饼→处置。

二、污泥脱水机房设计

　　污泥脱水机房设计主要包括加药系统设计、污泥输送设备设计、污泥脱水机设计等内容。

（一）加药系统设计

　　为了提高污泥的脱水效果，需在污泥脱水前对污泥进行加药调理。污泥调理所用的药剂可分为两大类：分别为无机混凝剂和有机絮凝剂：无机混凝剂包括铁盐和铝盐混凝剂及聚合氯化铝等无机高分子混凝剂；有机絮凝剂主要是聚丙烯酰胺（PAM）等有机高分子物质。采用絮凝剂的类型和投加量需通过试验确定，一般投加量为 0.25 ~ 5.0 kg/t 干固体泥。在污泥处理过程中絮凝剂投加量一般较少，可选用全自动一体化加药设备进行絮凝剂的配置和投加。

（二）污泥输送设备设计

　　处理后的污泥需通过污泥输送设备输送至泥棚，输送设备有螺旋输送机、皮带输送机。螺旋运输机结构简单、横截面尺寸小、密封性好、工作可靠、制造成本低，便于中间装料和卸料，输送方向可逆向，也可同时向两个相反方向输送。皮带输送机输送距离长、输送能力大，结构简单、基建投资少，操作简单、安全可靠，易实现自动控制。但皮带输送机皮带易受磨损，坡度不能太大，摩擦力大，设备费用较大。目前污泥输送设备大多采用螺旋输送机。

（三）污泥脱水机设计

　　常用的污泥脱水机主要有三种类型：板框压滤机、离心脱水机、带式压滤机。

1. 板框压滤机

　　板框压滤机是间隙操作的加压过滤设备，广泛应用于制糖、制药、化工、染料、冶金、洗煤、食品和水处理等部门，以过滤形式进行固体与液体的分离。它是对物料适应性较广的一种大、中型分离机械设备。

　　板框压滤机对进泥含固率要求较低，一般为 2% ~ 3% 即可，而出泥含固率高于带式压滤机和离心脱水机，运行过程是周期性地泵入污泥压滤和脱除泥饼的间歇过程，其缺点是不能进行连续操作，视滤板堵塞情况，需在一定的运行周期后冲洗滤布一次，滤板或橡胶隔膜易损坏，经常需要更换，且设备体形庞大、价格高。

某市污水处理厂污水处理规模为 5 万 m³/d，处理污泥主要为混合污泥，采用板框压滤机对污泥进行脱水，处理后污泥含水率降低至 60%，以减少污泥体积，便于污泥贮存、外运及污泥的再利用，絮凝剂采用 PAM 和石灰。

设计参数。混合污泥干重：20t/d；经重力浓缩池浓缩后污泥含水率为 97%，进板框压滤机污泥量为 666m³/d；板框压滤机日工作时间：16h；脱水后泥饼含水率 ≤ 60%，污泥体积为 40m³/d。

主要设备。板框压滤机 3 台，单台过滤面积 A=500m²，功率 20kW；

加药设备。铁盐投加泵 3 台，单台 Q=1200L/h，P=3.5bar，N=0.75kW；铁盐卸料泵 1 台，Q=50m³/h，H=32m，N=11kW；石灰自动加药设备 1 套，Q=2000 kg/d，N=40kW；

输送设备。WLS 型螺旋输送机 3 台，型号 400mm，L=13m，Q=40T/h，N=15kW；WLSx 型螺旋输送机 3 台，型号 400mm，L=8m，Q=40T/h，N=11kW；

低压变频螺杆泵 3 台，Q=100m³/h，P=0.6MPa，N=37kW；

高压变频螺杆泵 3 台，Q=25m³/h，P=1.2MPa，N=18.5kW；

压榨泵（变频多级离心泵）3 台，Q=20m³/h，H=150m，N=22kW；

洗布泵 1 台，Q=215L/min，P=4MPa，N=22kW。

2. 离心脱水机

卧螺离心式污泥脱水机组是包括主机和辅助设备在内的一整套机组。机组为全封闭结构，无泄漏，可 24h 连续运行。离心机设备效率高，占地小，机房环境清洁，整套机组采用先进的自动化集成控制技术，转速和差转速无级可调，具有安全保护和自动报警装置，运行稳定可靠，主要缺点是噪声大，电耗高，旋转叶片等部件要求耐磨性强，制造材质和加工精度要求严格，价格贵。

某市污水处理厂污水处理规模为 20 万 m³/d，处理污泥主要为初沉污泥，采用离心脱水机对污泥进行脱水，处理后污泥含水率为 80%，混凝剂采用 PAM。

（1）设计参数。进入离心脱水机的初沉污泥量：Q=2667m³/d，含水率为 97%，离心脱水机日工作时间24h，3 用 1 备；脱水后泥饼含水率 ≤ 80%，污泥体积为 400m³/d。

（2）主要设备。离心脱水机 4 台（3 用 1 备），Q=37m³/h，功率 66kW；

全自动 PAM 制备系统及稀释装置 1 套，Q=4000L/h，功率 3.5kW；

加药泵 4 台（3 用 1 备），Q=1400L/h，P=0.2MPa，功率 0.75kW；

无轴螺旋输送机 1 台，L=14m，Q=17m³/h，N=5.5kW；

污泥切割机 4 台（3 用 1 备），Q=37m³/h，功率 1.5kW；

污泥进料泵（湿泥泵）4 台（3 用 1 备），Q=37m³/h，P=0.2MPa，功率 7.5kW；

污泥输送泵（干泥泵）2 台（1 用 1 备），Q=10m³/h，P=1.6MPa，功率 30kW；

冲洗水泵 2 台（1 用 1 备），Q=23m³/h，H=40m，功率 5.5kW。

3.带式压滤机

带式压滤机是一种高效固液分离设备，其特点是脱水效率高、处理能力大、连续过滤、性能稳定、操作简单、体积小、占地面积小。带式压滤机的处理能力取决于脱水机的带速和滤带张力以及污泥的脱水性能，而带速张力又取决于所要求的脱水效果，其缺点是当进泥量太大或固体负荷太高时，将降低脱水效果。国产带式脱水机处理能力一般较小，污泥固体负荷仅为 150 ~ 250kg/m·h，进口优质带式脱水机处理能力可达 250 ~ 400kg/m·h。

某市污水处理厂污水处理规模为 3 万 m³/d，处理污泥主要为活性污泥，采用带式压滤机对污泥进行脱水，处理后污泥含水率为 80%。

设计参数。设置 2 台带式压滤机，每台压滤机处理泥量：27m³/h，每天工作 12h，脱水后泥饼含水率≤ 80%。

主要设备。带式压滤机 2 台，带宽 2000，处理能力：30m³/h；

空压机 2 套，Q=0.3m³/min；

一体化溶解加药装置 2 套，300L；

计量泵 2 台，Q=1300L/h；

反清洗水泵 2 台，Q=30m³/h，H=66m；

污泥螺杆泵 2 台，Q=15~30m³/h。

上述三种类型污泥脱水设备各有优缺点，选型时应结合工程规模、污泥处置要求、场地情况、资金条件等实际因素，对设备运行可靠性、系统自动化程度、污泥脱水效果、建设投资和处理成本等方面进行详细分析，合理确定脱水机设备选型。

污泥脱水作为污水厂污泥处理的重要环节，在污泥处理过程中占据极其重要的位置。污泥脱水机类型，需要根据污水处理要求、污泥性质通过经济技术比较后择优选择。污泥脱水机房内部设计应根据设备尺寸及运行方式进行合理化布置，使污泥脱水机及其附属设备便于安装，运行安全可靠。污泥脱水机房中管道较多，在设计过程中应注意管道的衔接和错位，避免管道交叉过多，使设备与管道的衔接更加协调，处理流程更加流畅。

第五节　污水处理厂污泥深度脱水技术

随着城市化进程的不断加快，城市污水处理厂污泥量呈逐渐上升趋势，传统的污泥设备的处理水平无法达到相关标准要求。基于此，本节根据我国目前污泥处理过程中出现的问题，从化学、物理及生物层面分析城市污水处理厂污泥深度脱水技术，以供参考。

污泥深度脱水技术指的是通过对污泥进行脱水处理后，使其含水率降低。该项技术在国外应用得比较多，在国内该项技术起步晚，但发展速度比较快，这与我国物力积压量的日益增加有关。相关研究结果表明，在对污泥进行深度脱水时，还有一些限制因素会影响脱水结果，因此，在具体实践过程中，相关人员应该对可能会出现的影响因素进行分析，提高污泥深度脱水效果。

一、化学调理污泥脱水技术

（一）原理分析

该项污泥脱水技术是通过增加带有正电的絮凝剂，在对双电层的压缩、电荷中和等方式的综合应用下，使固液分离开来，并在重力沉降的作用下，使污泥的含水量减少。该项技术在前期使用阶段是借助化学调理剂对污泥粒径大小、电荷等性质加以改善，之后通过离心、过滤等方法将污泥中的水分清除干净，最终完成深度脱水。

（二）优缺点

该项技术应用范围比较广，针对那些通过一般方式进行脱水的污泥也很适合且具有很好的脱水效果。虽然，现在有很多的专家学者开始研发应对传统絮凝剂缺陷的方式，但是，絮凝剂的生产技术还处在起步阶段，不是特别成熟，且还要花费较高的成本。加之，部分絮凝剂是有毒的，生物降解存在很大的难度，一旦在某种环境中应用，可能会造成二次污染，带来严重的安全隐患问题。总的来说，采用化学调理的方式可以达到良好的脱水效果。

二、物理预处理脱水技术

（一）超声波机械脱水技术

对污泥进行脱水也就是将物理颗粒表层所吸附的水去除掉，而超声波机械脱水技术就可以达到这一效果。其在具体使用时，主要是应用频率为 $20 \times 10^3 \sim 10 \times 10^6 Hz$ 的超声波，以能量传输的方法来脱水。

苏赵军等认为当某频率的超声波连续作用某一液体体系时，液体中原先有的很多微气泡就会振动，并形成很多大小不一样的气泡。如果这些气泡破裂了，会出现瞬时高强度的压力脉冲，这时，在气泡与气泡间的微小空间中就会出现热点，同时，该热点会产生高温、高压，并产生极高的剪切力，击穿微生物细胞壁。在不加入任何化学药剂的条件下，连续作用的高频率超声波能够将微生物细胞快速地溶解掉，以此增强物理脱水效果。齐浩等通过研究发现，使用该项脱水技术可以出现某种海绵效应，这时，水分就会通过海绵通道，增加物理颗粒粒径，当其粒径达到某一数值时，立刻会进行热运动，而颗粒间就会相互碰撞，甚至粘贴起来，最后沉淀。该项技术在短期使用的过程中，能够使污泥结构性质发生变化，让污泥脱水效率提高。但若是工作时间太长，污泥结构会被损坏，甚至会使颗粒全部破碎，让污泥颗粒粒径变得越来越小，影响脱水效果。

（二）污泥热水解脱水技术

该项技术同上述处理技术相比，脱水效果更高。将该项技术应用到污泥脱水过程中，有一些特殊要求，如，热水解要控制在 150℃ ~ 170℃，压力值不能小于 1.25kPa，将需要热水解的污泥和饱和蒸汽融合起来，在压力容器中发生反应，在受热的情况下，污泥中所存在的微生物就会破裂或释放出来，以此达到脱水效果。

符于伟等的研究显示，物理热水解最适应的温度应该控制在 170℃ ~ 190℃，反应时间控制在半个小时。对污泥进行热水解时，最适宜采用热板框压滤的方法来脱水，经过压滤处理，污泥含水量会减少一半左右。通过对该项技术的研究丁志国，赵红磊等人发现在污泥进行热水解的过程中，将其温度控制在 150℃ 以上可以使污泥的脱水性能得到全面改善，温度控制在 180℃ 左右脱水效果最佳。另外，还可以通过加入酸等化学药剂辅助污泥进行热水解，如，可以将 $Ca(OH)_2$ 加入到污泥中。

三、生物调理脱水技术

（一）生物沥浸调理技术

该项技术是在生物湿法冶金原理的基础上研发出来的一项新技术，主要是利用嗜酸性硫杆菌等处理污泥。通过对污泥进行沥浸调理后，其重金属含量会逐步降低，含水率也会随之降低。

宋智伟等通过对该项技术对污泥脱水效果的研究，发现污泥离心脱水率、污泥过滤比等都会对污泥脱水效果造成影响。研究结果显示，将亚铁离子当作复合能源物质时，通过对污泥做沥浸处理后，其离心脱水率会显著提高，比其他污泥处理技术的效果更好，不需要加入絮凝剂等，就能够实现污泥深度脱水。

（二）酶预处理脱水技术

相关研究表明，该项技术对絮体的高水合及黏附作用，判断其不能达到良好的脱水效果，但也有研究结果显示，采用该项技术能够让污泥保持稳定，具有过滤性质。

张顺，丁辉等人研究表明在对污泥进行处理时，采用该项技术后，所抽滤泥饼的含固率比原有污泥的含固率高出一半左右，然而，在进行离心脱水试验时，所得出的污泥含固率要比原有的污泥含固率要低，这说明酶处理可以有效地提升污泥的脱水效果，但仅仅只适用于压滤脱水，这是由于污泥经过酶处理后，污泥絮体强度被削弱了，经过过滤，可以提升脱水效果。

张馨，刘伟等通过在污泥中添加蛋白酶等来分析污泥脱水效果的影响发现，原有污泥中毛细吸水时间是 9.5s，在增加蛋白酶等物质后，毛细吸水时间明显增加，变成了 10.5s。与此同时，经过蛋白酶等调理后，污泥的粒径也随之减小。污泥毛细吸水时间的增加与粒径的减小，污水脱水效果变差，都是因为蛋白酶等元素的投入，使污泥中 EPS 板（可发性聚苯乙烯板）中的蛋白质等成分被溶解，其黏附性也随之变差，这表明在污泥中 EPS 板对污泥的过滤是非常有用的。

本节所提到的集中污泥深度脱水技术，都有其优势和不足，在具体应用的过程中，相关人员在根据实际情况灵活地选择，对深度脱水技术的研究，行业人员还可以在如下方面下功夫：

（1）现如今，有关物理的深度脱水机制还没有得到系统全面的阐述，还应该根据污泥粒径、Zate电位等多个角度全面分析物理深度脱水机理。

（2）从目前的情况看，国内有关污泥深度脱水技术的研究还停留在脱水药剂使用层面，但有些药剂本身就是有毒有害的，若是应用到环境中，会二次污染环境。出于环保考虑，在日后的研究工作中，行业人员可以重点开发绿色无污染的物理脱水技术，如，如生物制粉末等都可以应用，不存在二次污染问题，同时，行业人员在研究的过程中，还要对其生产成本加以考虑；

（3）物理深度脱水技术的研究分析应该与现在的物理治理环境紧密融合起来，不断地加强对新型污泥脱水处理技术的研究、分析、开发，以更好地适应我国社会经济和环境发展的需求。

第六章 污水处理厂工艺管道研究

第一节 市政污水处理的管道施工及问题

目前，社会民众的生活水平在不断提高，与此同时，城镇工业污水和生活污水的排放量持续增加。基于此，本节首先研究市政污水处理的管道施工常见问题，然后从基础沉降不均匀、闭水试验、管材质量几方面入手，探讨市政污水处理的管道施工问题防治措施，希望能为关注此话题的研究者提供参考意见。

中国城市化进程不断加快，市政工程数量明显增加，对污水管网有着更大的需求。城市人口所产生的生活污水，需经由污水管网系统进行排放，在加强建设和管理同时，也需不断地提高施工水平和标准，从当前的形势来看，市政污水管网施工问题得不到有效解决，会对社会人群的正常生活造成不利影响。

一、市政污水处理的管道施工常见问题分析

（一）污水处理管道施工路线规划不合理

市政污水处理管道施工过程比较复杂，所以选择和运用的施工技术必须要保证科学合理，实现有序进行。但是，在实际的施工过程中，管理人员没有针对偏僻路段规划明确的施工方案，导致实际操作执行的施工流程不符合技术要求标准，工作任务的有效落实无法实现。存在某些特殊情况，项目施工为了赶工期，很有可能发生偷工减料的错误行为。质检工作会发现其中存在的质量问题，返工重建会浪费大量资金，也容易引发安全事故。排水管道的路线选择在市政污水管道施工中占有十分关键的地位。虽然大部分的市政污水管道施工都有一套比较完善的排水管道施工理念，但是其中仍然存在问题，主要表现在以下几个方面：第一，施工路线成本问题在整个项目管理中占有举足轻重的地位。部分排水管道施工单位为了降低成本，选择的路线不符合地势客观条件，导致市政污水排水管道工程质量存在很大问题，对此市政污水排水管道的工作人员不仅要秉承成本节约思想，还应该选择出最优化的排水管道线路，以保证施工实现建设安全。第二，选择的排水管道不符合相关要求。市政污水管道施工任务的进行如果坚持采用传统的施工规范和理念，就很有可能导致污水排水管道施工路线不合理。

（二）设计施工和材质问题导致排水系统失效

当前社会发展形势不断变化，各大城市的排水系统也在不定期地进行更新换代，这其中存在的问题是新的排水管道与城市原有的老旧管道难以实现良好对接，这导致新排水系统的功能无法得到充分发挥。比较严重的情况是排水管道在设计施工时出现问题，导致管道施工存在错位的不良情况，这会引发污水倒流、管道积水，此时排水系统所发挥的作用微乎其微。排水管道失效有可能是因为材质问题，一些城市仍然使用老旧的排水系统，由于材料老化严重，再加上管理不善，实际开展排水工作就有可能发生污水流失或者是漏水问题，此时周边环境就会遭到破坏，管道材质问题容易引起突发事件，比如，连绵降雨容易引发城市积水问题，导致排水管道炸裂，排水作用不佳。

（三）基础沉降不均匀，回填压实度不符合实际要求

在开挖管道的施工作业中，相关人员密切配合才能确保开挖精确度。建设单位在实际施工任务中会考虑到工期问题，而将人工开挖过程省略，几乎全部工作都应用机器完成，施工精度出现问题，进一步造成重大失误。夏季经常连绵降雨，开挖槽工作完成之后，就需要尽快地开展回填作业，细节把握不准确，浸泡槽底将会涌入大量的雨水。事后进行处理，势必需要花费大量的时间和施工成本。无法实现对施工成本的有效控制，可能导致施工质量降低、施工进度延误。回填施工作业在污水管道安装施工任务中占有十分重要的地位。如果施工回填操作不规范，密实度没有达到实际要求，严重的质量问题将导致管道运行效果不佳。许多重型车辆会通过管道上方的路面，在严重负荷的作用下，地面会形变裂缝，间接导致管道变形。路面低洼处在阴雨天气中会积累大量积水，容易引发安全事故。

（四）施工责任主体质量意识淡薄

市政雨污水管道施工管理比较特殊，很多排水施工单位会制造各种理由拒绝工程质量检测。甚至有时只注重施工工期，对质量问题不闻不问。施工过程中的抢干、蛮干现象层出不穷，在整个市政雨水管道施工过程中，各个阶段施工责任主体的施工质量意识比较淡薄，不熟悉其中的强制性管理标准，也有可能出现不能很好执行强制性标准的情况。工程质量严重下滑，市政污水管道施工主体给出的工程资料与实际的工程情况不相符，经常出现的情况是表格不统一，需要后补资料，较为严重的情况是资料存在虚假信息。

二、市政污水处理的管道施工问题防治措施

（一）井基础不均匀沉降问题的有效解决方法

针对井基础发生不均匀沉降这一问题，要充分考虑井和管之间的空隙，没有满足实际工程需求的表现是抹面工作中检查井没有洒水、抹面厚度不一、没有对砖进行充分的湿润、砂浆的强度和标号不满足实际的设计要求。对此实际施工任务中要严格按设计规定确定检查井的标高、基础尺寸。开展混凝土管道平基基础施工任务，应一次性浇足检查井的基础

宽度。保证砂浆的强度和标号满足相关设计要求，对检查井抹面工作进行应定时养护、浇水，水泥砂浆抹面平整度、厚度、密实度、均匀度都应该有所保证。完成抹面工作，将井口封闭，长时间保持井内的湿润状态。展开砌筑检查井工作，应保证所用砖的质量，并湿润所有砖，保持砌砖砂浆的饱满状态，砌筑井室内的溜槽，应当保持砌砖的交错状态，保证溜槽和井槽能形成一个优质整体。分段闭水试验的进行需要记录好漏水和渗水情况，放水之后再处理，处理麻面渗水和细小细缝时用砂浆进行涂刷，如果出现严重的漏水、渗水问题就需要及时进行返工处理。

（二）做好闭水试验，确保管材质量

如果在施工过程中检查井内遗留了大量的垃圾，管道就会堵塞，出现流水不畅问题。闭水试验结束之后，未对其进行封堵处理，或者是处理得不够彻底，这些都会引发管道堵塞不畅问题。针对这一问题，管道施工过程应仔细彻底地检查，以防止其中留有建筑垃圾。开展闭水试验、为管堵编号，试验结束后，再根据编号逐一拆除，将井盖一一盖好，避免人为垃圾落入井内。针对接口渗水这一问题，应有效地缓解砂浆不饱和这一情况。如果是刚性接口，应将管道接口处处理干净，必要情况下要实施凿毛操作。接口处要保持湿润状态，在接口缝隙内填满砂浆，并捣实，裂缝或者是脱落问题需返工处理。确保管材的质量，并仔细检查管材的合格证等相关资料，检查管材内部是否存在麻面、缺口、裂缝和挖坑问题，坚决舍弃不符合质量要求的材料，使用的橡胶密封圈应具备表面光滑、质地紧密特征，保存橡胶的最佳位置是阴凉处，避免橡胶圈遭到暴晒。

综上所述，在社会经济快速发展的时代背景下，提高市政污水施工管道工程质量，应注意在施工过程中制定好问题防治的相关措施。

第二节　生态组合池污水处理工艺

生态组合池工艺去除机理主要是通过生物－生态联合作用去除污水中的污染物。该工艺虽然能使出水指标达到 GB 18918—2002《城镇污水处理厂污染物排放标准》一级 A 标准，但运行中仍存在一些问题。结合市政和纺织产业园污水处理工程实例，对生态组合池工艺技术进行说明，通过总结项目运行情况，发现在冬季低温季节，特别是进水总氮超标情况下，出水总氮出现超标情况；试运行期进水浓度变化较大时，供气分配量需要手动及时调整；絮凝反应区底部分区絮凝剂投加点后段富磷污泥不能及时排出，占用稳定区容积等问题。针对以上问题，提出增加混合液回流管道、优化布水系统和供气系统、增设钢筋混凝土结构沉淀池、预埋排泥管道并预留定期排泥端口、降低稳定区深度等措施。

污水生态处理是利用生态学原理，采用工程手段对污水进行治理和利用相结合的方法。污水生态处理中生态湿地和稳定塘两种技术应用较多。生态湿地系统是将污水有控制地投

配到土壤－植物复合系统中，污水在流动过程中被深度净化处理；生态湿地在城市污水厂尾水处理中应用，既可以削减污染物，又可以最大限度地美化环境，投资运行成本低、净化效果好。稳定塘系统在污水处理应用较早，存在占地面积大、水力停留时间长、效率低、散发臭味等缺陷。对稳定塘技术缺陷进行改进，研发出多种组合应用，有生态综合塘系统、高级综合塘系统、与传统生物处理串联的稳定塘等。在云南城镇污水处理中采用改良 AB 法和三级塘对工艺改造，出水水质达到 GB 18918—2002《城镇污水处理厂污染物排放标准》一级 A 标准。食物链反应器（FCR）是一种新型污水生态处理技术，污水中营养成分被生物纤维介质和植物根系中微生物消耗，净化污水兼具园艺效果，减少污水厂建设对周边环境影响，该工艺已在匈牙利布达佩斯、中国深圳和上海等污水厂建设中广泛应用。

生态组合池污水处理工艺是在传统生物处理和生态处理基础上发展起来的一种污水处理方法，是在水深大于 6 m 的水池内完成了净化污水、污泥减量化、病原菌去除及构筑景观等功能，是人工与生态相结合的综合处理技术。本节对生态组合池工艺进行介绍和机理分析，结合市政和纺织产业园污水处理工程实例，对其运行情况进行分析，总结工艺运行中出现的问题，对生态组合池工艺设计提出优化建议。

一、生态组合池工艺说明及机理分析

（一）工艺说明

生态组合池工艺系统分为处理区、絮凝反应区、稳定区，布设有生化组合单元、布水系统、供气系统、排泥系统、植物浮岛；处理区自下而上依次分为污泥稳定层、厌氧层、缺氧层、好氧层、出水层。

污水通过布水系统从处理区池底的多个布水点进入，自下而上竖向依次通过污泥稳定层、厌氧层、缺氧层、好氧层、出水层，横向在池上部出水层，污水依次交替流经多个缺氧好氧段，流出处理区，自流进入絮凝反应区，投加絮凝剂，反应后经稳定区流出生态组合池。

（二）工艺去除机理分析

生态组合池工艺去除机理主要是通过生物－生态联合作用去除污水中的污染物。有机物被多种微生物去除，其中包括悬浮活性污泥、附着生物膜和植物根系微生物。大颗粒和悬浮物中无机质通过预沉存储在污泥稳定层，悬浮物中有机质和大部分生化污泥在沉积过程中被厌氧消化分解，产生的臭气在上升过程中被微生物和植物以"生物除臭滤池"形式吸收分解。脱氮主要通过生物脱氮方式实现，除了传统硝化反硝化方式生物脱氮和植物对氮吸收外，整个生态组合池局部曝气不均匀和生物膜微环境存在溶解氧梯度，强化同时硝化反硝化生物脱氮。除磷主要通过化学除磷和植物对磷的吸收，设置絮凝反应区投加化学药剂实现富磷污泥沉积，最终排出系统；同时，在进水计量分配管道上可选择投加絮凝剂，部分磷以污泥形式存储在污泥稳定层。

二、生态组合池工艺应用案例

（一）项目概况

乐清市虹桥污水处理厂位于浙江省温州市，主要接纳市政污水，总规模为 8.0×10^4 m³/d，占地面积为 6.1 hm²，采用生态组合池工艺，设计出水水质达到 GB 18918—2002 一级 A 标准。一期规模 1.8×10^4 m³/d，于 2013 年投入运行，二期规模 2.8×10^4 m³/d，于 2016 年投入运行；项目土建按照远期建设，设备分期配置，总投资共 17056.6 万元。

（二）项目工艺流程

污水经机械格栅、提升后进入生态组合池，在生态组合池内进行有机物、SS、氮、磷的去除后，再经纤维转盘过滤、消毒后达标排放。

生态组合池总池容为 342516 m³，面积为 46395 m²，水力停留时间为 4 d。处理区池容为 270880 m³，面积为 38 267 m²；处理区三组并联，每组包含 5 个子处理区，处理区设置有生态组合单元；设置布水点 19 个，单组反应区 1～3 个布水点，通过电动阀及流量计控制分配流量；污泥稳定层高 1.5 m，厌氧层高 2.5 m，缺氧层高 0.5 m，好氧层高 2.5 m，出水层高 0.5 m，处理区有效水深为 7.5 m，超高为 0.4m，水池总深度为 7.9 m；处理区设置植物浮岛 4500 m²。絮凝反应区池容为 12045 m³，面积为 1881 m²，药剂 PAC 设计投加量为 30～50 mg/L；絮凝反应区停留时间为 3.6 h，底部设排泥管间断开启排泥。稳定区设置植物浮岛和浮水植物，池容为 41041 m³，面积为 6247 m²，整体推流出水，三角堰排水。

（三）项目运行分析

运行期间平均进水量为 2.5×10^4 m³／d，出水各项指标均达到 GB 18918—2002 一级 A 标准，出水水质好，去除率高。在该污水处理厂运行中，年平均电耗为 0.25 kW·h／m³，运行动力费为 0.175 元／m³；定员 15 人，人工费为 0.078 元／m³；药剂 PAC 投加量为 20.6 mg／L，药剂 PFS 投加量为 7.5 mg／L，运行药剂费为 0.049 元／m³；集中清理污泥 1 次，估算污泥清理量为 0.37 t[DS]／10⁴t[水]，污泥处理费为 0.021 元／m³；含动力、人工、药剂、污泥处理合计直接运行成本 0.323 元／m³。

三、生态组合池污水处理工艺优化

在工程运行过程中发现生态组合池工艺具有去除率高、出水水质好、运行费用低、抗冲击负荷、污泥量少、处理臭味小、厂区环境好等优点，项目运行还发现冬季低温季节，特别是进水总氮超标情况下，出水总氮出现超标情况；试运行期进水浓度变化较大时，供气分配量需要手动及时调整；絮凝反应区底部分区，导致絮凝剂投加点后段富磷污泥不能及时排出，占用稳定区容积。

针对以上情况，对生态组合池工艺设计进行了以下优化：

（1）建议增加混合液回流管道，回流比可适当减小，设计混合液回流比取50%～100%，进水总氮超标时选择开启，应对低温季节总氮出水超标情况；

（2）建议根据进水量、有机物和总氮浓度调整各自处理区布水量，由均匀布水改为渐减式布水或减少后端布水比例；供气支管设置流量计和流量调节电动阀，调整处理区溶解氧，处理区内出水层溶解氧质量浓度不高于 4 mg/L；

（3）建议优化生态池平面布置，处理区和絮凝反应区（沉淀池）预埋排泥管道并预留定期排泥端口；

（4）建议适当减少稳定区深度，减少土建施工量。

污水处理厂处理工艺选择需要从技术、工程投资、运营费用、对周边环境的影响等几项重要因素来综合考虑。本节结合污水处理工程应用实例，对生态组合池工艺流程进行说明，分析项目运行情况。提出工艺设计优化建议：增加混合液回流管道，优化布水系统和供气系统，增设钢筋混凝土结构沉淀池，预埋排泥管道并预留定期排泥端口，减少稳定区深度。

生态组合池工艺处理出水各项指标均达到 GB 18918—2002 一级 A 标准，去除率高、出水水质好、运行费用低、抗冲击负荷、污泥量少、处理臭味小、厂区环境好，符合污水处理技术节能、减排、生态化发展方向要求，适合中小型污水处理厂建设的高级生态处理技术。

第三节　污水处理厂工艺管道安装施工

针对污水处理工程，工艺管道施工地质条件复杂，深基坑管沟开挖及支护难度较大等特点，本节结合具体工程实例，对该工程中的工艺管道施工技术做了分析，对管道安装施工工艺进行了介绍，为今后同类项目积累了宝贵经验。

一、工程概况

广州市沥滘污水处理厂占地面积约 13.43 hm²，其中一期工程占地约 8.92 hm²，本次二期工程占地约 4.51 hm²。沥滘污水处理厂服务面积 124.5 km²，服务范围包括：整个海珠区（除洪德分区污水西调至西朗污水处理系统外）、番禺区的大学城小谷围地区、番禺区的洛溪岛和黄埔区的长洲岛等。广州市沥滘污水处理厂二期工程污水处理能力为 30 万 t/d。沥滘污水处理系统二期工程厂区机电设备和工艺管道安装施工，其中包括新建的细格栅及曝气池 4 座、旋流沉砂池 4 座、改良型 A_2/O 生化池 4 座、矩形二沉池 20 座、接触池 4 座、初雨沉淀池 1 座、单级离心鼓风机房 1 栋、污泥浓缩池 2 座、污泥混合井 1 座、污泥提升泵房 1 座、污泥浓缩脱水间 1 座、3 号变配电站 1 座、中水处理系统 1 座、除臭系统 8 套。

二、工艺管道主要施工技术

（一）施工前准备工作

测量放线。本工程前期建构物已基本完成，场地已平整，地势宽阔，通视条件良好，易布置测量控制网，但是由于管线较错综复杂，均匀分布整个场区，对平面位置和高程精度要求高，测量工作质量直接影响工程质量，测量工作是本工程重点控制环节。

基础复合。为确保管道的平面坐标位置及高程，在管道安装前，应重新复核管道的中心线及临时支墩的标高，核对无误后方可施工，同时做好检测记录。

管线放线。计算管道中心线坐标，根据已测放的坐标控制网点，用全站仪测放每处直线段的管中心控制点，并用木桩每隔 10 m ~ 20 m 标出管道中心线，同时把中心线桩引测到开挖面以外设中心线控制桩，以利于基槽开挖后复测。再根据中心线量出管沟开挖边线，用白灰粉放出沟槽边线后即可进行钢板桩及土方开挖施工。

（二）管槽开挖、支护

根据中心线量出管沟开挖边线，用白灰粉放出沟槽边线后即可进行土方开挖，并根据施工现场的土质和实际条件要求对需要打钢板桩的必须先进行钢板桩的施工。

根据招标文件的要求，1 号二沉池东侧管沟及其他深度大于 4 m 的管槽开挖时可按照项目监理的指令进行拉森钢板桩支护。钢板桩嵌入土内的长度必须得到项目监理的认可。

基坑支护拆除应在该处管道试验并回填结束后进行，同时需经项目监理的同意后方可拆除基坑支护的钢板桩。

（三）碳钢管安装

弯管、倾斜管的安装。弯管安装要注意各节弯管下中心的吻合和管口倾斜，当下弯管安装时，即将其下中心对准首装节钢管的下中心。如有偏移可在相邻管口上各焊一块挡板，在挡板间用千斤顶顶转钢管，使其中心保持一致。弯管的上、下中心和水平段钢管一样，可挂垂球或用经纬仪测定；弯管安装 2 ~ 3 节后，必须检查调整，以免误差积累，造成以后处理困难。斜管安装方法和弯管相同。

叉管的安装。叉管采用在加工场组装检查合格后，再分段用汽车运至施工点安装的方法；安装过程与直管段基本相同，先将叉管分成两部分运到安装地点组合好，之后再与两支管同时进行对接。当叉管全部组装完毕后，必须对两个支管的中心、高程、里程和倾斜进行复核，确认无误后将临时支撑焊牢，方可进行施焊工作。

构筑物外 2 m 内的柔性接头安装。刚性接头是构筑物预埋套管与钢管间填浸油麻丝及打入石棉水泥，为确保接头的严密性，要注意套管与钢管之间的间隙不能过大，也不能过小，宜为 25 mm 左右，且应均匀。柔性接头，轴向倾斜角度允许偏差不得大于 3°，若遇到基础不好时，可能使柔性接头产生径向移位，并使轴向倾斜超过允许值，该接头安装最好基础制作为混凝土基础和混凝土支墩，以避免柔性接头因地基不均匀沉降过大而损坏。对刚性接头和柔性接头做好闭水试验，合格后方可进行管沟回填。

在进行管道与设备连接时，其管道的重量不宜压在设备上；在水平管道上的阀门处，须有一固定点；管道上的阀门、仪表和附件的安装，应以操作、观察和维修方便为准；阀门安装应紧固、严密，与管道中心线垂直，能操作并且灵活方便；管道穿越预留孔洞时管道的横向焊缝不得放在套管内，套管与管道之间的缝隙用浸油麻丝填实，用石棉水泥封堵。

内支撑切除及管内补漆。管道内支撑的切除应在二期混凝土浇筑后进行，拆除钢管上的卡具、吊耳、内支撑和其他临时构件时，严禁使用锤击法，应用碳弧气刨或氧气－乙炔焰在其离管壁 3 mm 以上处切除，严禁损伤母材。切除后，钢管内壁上残留的痕迹和焊疤用砂轮机磨平，并认真检查有无微裂纹。检查合格后采用手工涂刷对切除部位进行补漆。

（四）钢筋混凝土管安装

检查埋管沟槽底基础符合安装条件后，对钢筋混凝土管进行吊装就位埋设工作。每根管的长度不应超过 2.5 m，管的实际内径与规定直径的差距不应超过 6%。管壁任意一点径向厚度不应小于设计壁厚的 95%，且不应超过立方抗压强度试验管的平均管壁厚度的 105%。钢筋混凝土管安装时，宜从下游开始，平口朝向施工前进方向，并将每一管口对接紧密，按设计要求做好每一节管接口处的橡胶止水圈的安装工作。管道内表面应保持光滑，任何突出的骨料必须清除。不允许设置提升孔，应采用吊索起吊每节管。

钢筋混凝土管采用金属构件连接时，构件必须进行防腐处理。用水泥砂浆填缝、抹带接口时应清除落入管道内的接口材料，且抹带的材质、高度和宽度必须符合设计要求。

抹带前将管口外壁凿毛、清洗干净，当管径不大于 500 mm 时，抹带可一次完成；当管径大于 500 mm 时，应分两层抹成，抹带不得有间断和裂纹。承插接口结构和所用的填料应符合设计要求和施工规范的规定，灰口密实、饱满，填料表面凹入承口边缘不大于 5 mm。尽量做到环缝间隙均匀，灰口平整、光滑，养护良好。抹成后用麻袋盖好，3～4 h 后洒水养护。

（五）机械顶管施工

顶管接收井施工。井壁施工：井壁施工应在搅拌桩施工完成 28 d 后进行。井壁外侧采用原槽浇筑，内侧模板应在混凝土达到设计强度的 50% 以上，刃脚斜面模板应在混凝土达到设计强度的 100% 方可拆除。在施工过程中应进行井内超前降水。施工缝：水平施工缝浇灌混凝土前，应将其表面浮浆和杂物清除，先铺净浆，再涂刷混凝土界面处理剂，并及时浇灌混凝土。

施工期间若地下水位较高，应采取临时配重抗浮措施；预埋件、预埋管、预留洞应配合工艺以及其他专业图纸设置；除设计图中已有加固详图外，其余空洞和管孔处钢筋遇空洞应绕过或孔边密放，不可切断。

顶管接收井顶管顶距约 80 m，管径 1 000 mm，设计顶力 1 600 kN，施工时应根据采用的工艺进行复核，不得采用人工顶管。后靠背预留孔位置在顶管时设钢板。顶管时应采取减阻措施，必要时应设中继间；施工时应根据相关规范要求设置拉筋、铁撑等施工构造用钢筋。

顶管的顶进施工。顶进利用千斤顶出镐在后背不动的情况下将被顶进管子推向前进，其操作流程如下：安装好顶铁并挤牢，管前端已入土一定长度后，启动油泵，千斤顶过油，活塞伸出一个工作行程，将管子推向一定距离；停止油泵，打开控制阀，千斤顶回油，活塞回缩；添加顶铁，重复上述操作，直至安装下一节管子为止；卸下顶铁，下管，用钢套环连接混凝土管，在混凝土管接口处放一圈麻绳，以保证接口缝隙密封和受力均匀，并采用其他防渗漏措施，保证管与管之间的连接安全；重新装好顶铁，重复上述操作。

第四节　污水处理厂污水管道施工优化

污水处理给人们的生活带来极大的便利，收集生活污水，并使其得到净化，降低污水排放的污染问题。污水处理厂管道的施工质量决定了投入运营后管道的日常维护。为了优化污水处理厂厂区污水管道的施工，以提高污水管道的施工质量，以 A 污水处理厂厂区污水管道施工为例，进行了污水管道施工工艺、施工方案等方面的研究，对污水处理厂厂区管网施工有着重要的意义。

城市污水处理厂建设作为市政公用设施的一部分已经迫在眉睫。城市污水管网的完善更是市政工程的重点建设项目之一，厂区的污水管网的高效运行，其施工技术显得更为重要。通过对管网施工方案的优化，在施工的合理性与经济效益上达到共赢的目的。本节以 A 污水处理厂的厂区污水管网为例进行分析和研究。

一、污水管网布设原则

根据污水管网的一般定线原则，除特殊情况下污水管网需要靠提升泵站外，其他情况的污水管网均按重力流排放。A 污水处理厂的厂区污水管网按地势坡度进行定线。结合厂区实际，从污水汇集口标高为 -2.6 m 处开挖。开挖一段，护坡一段，标高复测一段，铺设污水管一段，施工完毕后，污水按重力流排至箱体入口处。

二、工程污水管道的具体施工技术

（一）施工前的相关准备工作

在施工前，要熟悉并理解工程设计图纸，避免在工程施工过程中出现问题。首先，工程图纸设计方、工程建设方要与监理施工方等在一起进行交底，同时还要进行设计图纸的交互审核。其次，根据审核后的图纸到施工现场适时地了解工程项目的基本状况。例如，排水管道的总长度、建造方向、管径大小等，同时还要查看实地的地形地貌，做好实地标记与相应的预防措施，对一些电线、气管等要进行识别放置，避免交叉，与此同时，在每100m 的位置应设置一个水平的标高基准点，并以此来确保水准高程控制网的准确有效建立，为以后的管道现场勘测提供方便。水准高程控制网必须通过国家的合格检测，并按照国家相关标准严格遵守的情况下方能正常使用，同时水准高程控制网点在设置位置时，要保证其不易摧毁或者不易丢失。A 污水处理厂尾水排放管工程在正式施工前，首先应对施工现场进行勘察，以设计图纸为标准，仔细核对图中现状的海底标高，同时，在施工现场发现障碍物，需进行障碍物的位置移动，以保证施工正常进行，在发现海底实际标高与图中所示标高不相符时，要及时与设计院联系，共同协商处理。

（二）施工时的具体施工技术

在施工前做好相应的准备工作之后，接下来就到了具体施工阶段。在具体施工过程中要严格按照相关的技术规范要求，科学合理并有效地进行施工作业，在通常情况下，这些具体的施工作业有一定的技术要求。

在 A 污水管网施工工艺流程中，重要的流程有沟槽放线、开挖、沟底垫层施工、管道安装、检查井施工、闭水试验、沟槽回填土等。现场沟槽放线、开挖，沟底垫层施工是最为关键的工艺节点，严格按放好的边线进行开挖。在机械开挖时必须预留 150 ~ 200mm 厚土层。为防止扰动原状土，由人工进行开挖至标高。施工时应严格按施工图将污水管网的中心线、沟槽上口宽度和沟底宽度用标线画出，并按设计图纸标出 24 mm 的挡水墙，待建设单位和监理单位确认无误后，方可进行开挖。现场开挖过程中除设置必要的护栏和警示牌外，信号工必须全程指挥。在遇到不良土质时，应按要求边挖边护坡，并预留足够的管道安装操作空间。在开挖的过程中应做好相关的验收记录，待沟槽成形并铺砂石垫层后，需经过监理工程师的验收，合格后方可进行后续工序的施工。

管道安装时承口一般朝污水逆流的方向，且与管道的铺设方向一致。首先，在安装过程中，管道之间应预留 10mm 伸缩缝，依据中心线调整管道位置，保证管道中线与结构中心线的重合；其次，要严格检查承口、插口、胶圈表面是否有污染物，利用边线或中垂线来控制管道的中心。管道安装完成后，用水准仪进行校核。另外，在管道的吊装前应该检查吊钩和吊件的牢固性，并且在吊运管道时信号工全程指挥，以做到轻吊轻放。现场检查井与管道连接方式。

针对 A 污水处理厂项目本身的特殊性，最深基坑开挖深度达到 7.3m。结合设计要求和现场实际，在深基坑开挖过程中，执行开挖一段，护坡一段。现场采取钢丝网自坑顶走道处，铺至沟槽底边缘，上下每隔 1m，左右每隔 2m 用 U 形钢钉将钢丝网固定牢靠。在坡顶距沟槽边 120mm 处设置挡水墙，防止坡顶杂物和积水进入沟槽。最后，进行喷锚，待喷锚凝固后再进行沟槽底的施工。

在此次工程中，安装排放管前要对管道进行详细的质量检查，根据本工程实际情况对钢管的尺寸参数、材质等级等要进行仔细检查核对，要对钢管的表面与内外壁进行有效的防腐处理，并且在两管接缝处要进行有效焊接，以保证钢管的质量，在钢管进行安装时要参考相关图纸进行具体深度埋藏，并且回填覆土也要根据相应标准进行。

（三）管道施工后的具体管理

在管道施工完成后，为了保证工程的质量安全性，要对施工现场进行严密保护，防止无关人员胡乱进场对刚完工的施工工程造成不必要的破坏，同时也要安排相关负责人员对现场进行保护，并设置工地办公场所，安排专人对工地进行管理，并且还要及时地检查施工管道有无后期质量问题出现，对于出现问题的施工工程要及时联系施工单位进行有效补救，并在后期管道具体排水。

（四）污水管道施工防护措施

污水管道在施工过程中，安全管理至关重要。首先，必须采取相应的安全防护措施，对所有参建人员进行安全技术交底，全面落实安全责任制。施工现场除设置"五牌一图"外，沿沟槽施工外围应设置围挡，并悬挂醒目的警示标牌标语。其次，应建立污水管道的安全施工和管网养护安全操作规程，明确安全施工方法，确保在管道的安装过程中将安全措施落到每个技术环节中。

本节结合我国市政污水管道的建设情况以及 A 污水处理厂尾水排放管工程，探讨分析出市政污水管道的具体施工技术，以期对市政管道建设提供相应的帮助。

第五节　污水处理厂管道工程施工技术

本节根据污水处理厂管道工程施工要点展开分析，结合工程经验提出管道工程安装施工的主要施工技术和施工中常见的问题，并提出解决措施，以提高管道安装的施工质量。

污水处理厂的污水管道安装质量直接影响着污水排放质量。传统污水处理厂的给排水管道存在安装问题，导致污水处理效率差，影响着城市居民的用水质量。为了解决传统污水处理厂管道工程存在的问题，应尽量优化污水管道管线设计，提升管道施工技术水平进而提高管道工程建设质量。

一、管道工程施工要点

（一）管材的选择

为了提高管道的使用寿命，金属管材已经基本上被弃用，人们选择聚合物型管材来满足工程施工建设需求。比如，改性聚丙烯管、硬聚氯乙烯冷热水管等。由于不同类型的管道的施工强度、硬度、抗腐蚀性不同，因此，施工单位需要结合实际施工现场情况选择管材，以确保管道工程的建设安全。

（二）人员、设备的配置

施工单位需要结合不同施工现场，派遣经验丰富的技术人员。同时，配置好管道安装过程中需要使用的机械设备和仪器仪表，保证在工程施工前，相关设施设备顺利配置到场。并做好常用设备的检查，对于有故障的设备需要进行保修处理。

（三）施工现场的管理

为了更好地保障工程施工安全，施工单位还需要派遣施工人员进入现场进行实地勘察，确定好施工目标、施工内容以及施工范围，保证施工工作能够有条不紊地顺利进行。尤其是施工现场机械设备、人员的进出场管理应该做好合理的规划布局。

（四）施工工艺的确定

施工单位还需要结合实际施工现状，选择出合适的管道管材，确定施工方法，编制出施工成本较低的施工工艺方案，以保证施工作业安全进行。

（五）管道安装流程

①施工管道预制与切割都是需要在施工现场进行。当管材进行预制切割时，应该明确管材的基本施工参数，比如管材的口径、管材的长度、管材的类型、管材的数量等。同时，还需要对管材的对应管件和安装材料进行确认，并做好相应加工处理，以保证施工现场内的所有管材能够准确预制和切割。尤其是切割过程中，一定要注意管材的受力变化情况，是否存在破损，一定要最大限度地合理使用管材；

②无论是开挖式安装还是非开挖式安装，在进行管道工程挖掘时，一定要注意合理规划好土方的存放；

③在安装管道或者加固管道前，需要采用压缩空气吹喷式处理方法来清理好管道内杂物及泥土。在安装管道时，要保证管槽连接口不存在间隙、缺口等缺陷。在管槽对口，安装过程中，尽量不要用铁质工具敲打管材；同时，还需要做好管材接口的密封处理，避免接口处出现渗漏问题；

④一旦管道连接完成，需要注入一定量的水来对管道的压力进行试水检验。通过检查管道的压力来确定管道系统安装连接是否正常；

⑤完成试水检验后，施工单位还需要对管道施工进行填土还原。在填土的过程中，一定要注意是否预留管道接口位置后期检查的余地，有利于降低管道维修难度，提高管道修理质量和效率。

二、管道工程主要施工技术

（一）测量施工

测量放线。由于污水处理厂的管道线管布置复杂、分布范围广，因此，施工单位需要做好管道的测量放线管理，以确保管道的精度符合施工要求。因为，测量数据的质量直接影响管道安装质量。所以，一定要在污水处理厂区域内布置测量控制网，同时做好相关测量数据的记录管理。

管线放线。施工单位还需要根据已经测量的坐标控制网点进行管道中心线坐标的计算，使用全站仪测放每段管线的中心控制点，使用木桩每隔 10m ～ 20m 标出管道中心线的位置，并按照中心线量出管沟开挖边线，使用白灰粉放出沟槽边线，最后进行土方开挖施工作业。

基础复合。施工单位为了确保管道安装的质量，还需要做好管道平面坐标位置和高程的检测，多次复测管道中心线和标高，直至准确无误后方可施工。

（二）管槽开挖、支护施工

施工单位在正式开挖前，还需要查明地下水位位置、土质及周边管线分布情况。并按照勘察报告和预处理构筑物基坑的实际开挖情况来确定基槽开挖范围。在挖掘过程中，需要使用简单的降水、放坡等措施来满足施工需求。管线管槽的开挖深度不同，选择的开挖方式不同，对于深度较浅的管槽可以直接采用放坡法进行挖掘，对于深度较深的管槽可以采用台阶法进行挖掘。在实际施工过程中，施工单位还需要根据中心线测量，挖掘出管沟的边线，使用白灰粉放出沟槽边线后，进行土方开挖，并根据土质使用条件对沟槽进行放坡支护作业。

（三）管道施工

施工单位需要借助吊车将预制管进行吊装，并使用钢丝绳套胶皮管或者尼龙吊带进行绑扎，以便保护预制管。同时，施工单位还需要对各种类型的预制管的质量进行管控，保证管道接口不会漏水。比如，钢管可以使用焊接方法来保证密封性；塑料管可以使用焊接方法或者粘接方法来保证密封性。在进行管道施工时，施工单位需要严格按照规定对管道进行闭水试验、压力试验。首先，向管道内部注水，在注水的过程中，检查管道是否存在堵塞、漏水、渗水等问题；然后，将水灌入到规定水位，进行记录，对渗水量的测量时间不得小于 30min；最后，根据水面下降值计算出渗水量，当计算出的渗水量数值小于允许渗水量数值时，表示管道试验合格。另外，施工单位还需要使用机器对管道内的杂物进行清洁处理。当管道阀门、计量设备等安装完成后，要使用混凝土进行浇筑。还需要对管道的隐蔽工程进行验收，才能够进行沟槽回填作业。注意，在回填过程中，需要仔细地把控填土质量，分层压实。

（四）管道的连接施工

施工单位在进行钢管管道安装时，需要采用焊接的方法来连接管件和管道。在进行管道和阀门安装时，需要采用法兰连接法进行连接。而对于混凝土管和钢筋混凝土管的连接，可以使用钢丝网和水泥砂浆进行接口的抹带连接。对于球磨铸铁可以使用胶圈进行连接。对于镀锌钢管可以使用丝扣进行连接。在进行钢管焊接作业时，一定要保证钢管第一层的焊缝根源位置焊接得均匀，不得穿透，且呈现内凹表层；第二层焊接钢管坡口槽时，保证焊接缝 70% 部分被填满；第三层焊接时，需要保证管道的焊接强度。同时，在焊接过程中，需要保证每一层焊接的部位没有焊接渣滓。如果在检查过程中，发现存在焊缝，需要及时将出现问题的部分铲除，同时进行补焊作业。施工人员在焊接管道时，一定要保证焊接的方法和焊接顺序，且每层焊接的引弧点和熄弧点均匀错开，扩开的大小不得小于 20mm，避免管道焊接过程中出现受热问题，产生内应力造成管道开裂。

（五）管道的防腐施工

为了提高污水处理厂管道的使用寿命，施工单位需要做好管道的防腐处理。首先，需要选择国家标准防腐材料，保证材料符合设计使用需求，严禁使用一些过期的、不合格、劣质的涂料；其次，在进行管道防腐施工时，需要使用配套材料，保证管道的表面、中部、底部均使用同一家企业的产品。同时，施工单位还需要向监理单位提交关于管道防腐涂料的相关资料，比如，防腐涂料说明书、生产日期、检验报告、生产合格证书等；然后，施工单位还需要对管道防腐作业中涂抹防腐涂料的时间、工艺参数、涂料比重等数据信息进行记录，以便后期顺利开展对管道防腐的质量检验；最后，施工单位还需要考虑管道防腐涂料的相关设备、管道的表面施工要素是否符合国家防腐施工质量标准。

（六）检查井施工

施工单位需要结合实际使用需求来设计检查井的型号、大小，并严格按照结构尺寸进行放线作业，以保证检查井在砌筑前放线定位无误，平面位置准确。一旦确定，需要按照施工标准进行砌筑。在砌筑过程中，严格控制砖缝大小，不得超过 1cm，保证井内流槽和井壁同时砌筑。对于接入的支管，可以随意砌筑，但是，在预留管头长度时，需要适当地留长一点，尽量留一节管的长度，最后，还需要对预留节管的接口进行砌筑封堵。

三、管道工程施工常见问题

（一）管道出现位移

大部分污水厂在进行管道施工时，管道都会出现位移现象，导致管道内部沉积大量泥沙污水，拥堵管道，降低管道的排水能力。而影响管道发生位移的因素有很多，比如，施工人员施工过程中安装管道存在偏差、测量数据与实际施工数据不一致，等等。这些因素都会影响管道的安装质量。如果在测量过程中，发生测量数据偏差较大，那么就会增加管道的安装难度，降低管道排水能力。如果测量偏差较小，且在合理范围内，则可以通过调整管道来实现设定目标。

（二）排水管道渗漏

排水管道安装存在问题就会渗漏，导致污水处理厂的管道排水能力降低。假设管道渗漏情况严重，不仅会污染水源，而且还会增加管道检查工作难度。而造成管道渗漏的原因有很多，比如，管材质量不合格、管材安装施工过程中没有按照国家相关标准进行接口部位的焊接管理等。

（三）检查井质量问题

在污水处理厂的排水系统中，检查井也是重要的组成部分，其质量好坏直接影响着污水处理厂的管道排水能力和管道维护、检修等工作质量。如果施工单位在检查井时，没有注重检查井内部铁排爬梯的质量，时间一久，爬梯就会生锈、发生形变。如果检查过程中，没有对检查井的高度进行检验，那么检查井就无法发挥出处理污水的优势，导致污水处理效果差。

四、管道施工的处理措施

（一）对管道位移的处理

污水处理厂的排水管道出现位置位移的原因有很多。因此，施工单位应该针对不同的位移问题制定出合理的解决措施，有利于降低管道位置位移。首先，施工操作人员需要合理地开展施工作业，做好科学的测量管理，以保证每次测量的数据误差在规定范围内。其次，需要结合实际施工现场，将施工设计、施工标准与当地地质进行反复检验，严格控制测量误差，提高测量的准确性。此外，施工单位还需要做好构成轴线和平基的测量，以保证管道排水高度测量的准确率。如果管道在安装过程中，需要避让建筑物，那么需要在合适的位置增设连接井，以便后期的管道维护管理。最后，沟槽在开挖过程中，很可能会出现超挖、断面挖掘不当等问题，需要立即上报有关负责人，进行处理。综上所述，施工单位想要尽可能地降低管道位移的概率，提高污水管道的排水能力，需要派遣相关技术人员对本区域内的土壤、坡度、土质等属性参数进行测量，选用合理的挖掘方法来完成沟槽的挖掘作业，以保证施工的质量。

（二）对管道渗水、漏水的处理

在污水处理厂的管道施工过程中，非常容易出现渗漏问题。因此，施工单位在施工前，需要制定出科学的预防措施。首先，需要选择质量合格的管材，在施工时，严禁使用不合格的管道，一定要选择各项证件齐全的商家，从源头上控制施工材料质量。其次，在安装管道时，一定要严格按照施工图纸的设计标准、施工方案来开展作业，不断提升专业人员的操作技术能力，杜绝施工作业中出现不合格的操作行为。如果施工过程中，发现施工土质质量问题，需要利用地下连续墙工艺增加排水管道周边土质的承载力。最后，还需要做好管道接口部位的焊接工作，以保证焊接部位质量符合国家标准。

（三）对检查井质量的处理

施工人员在进行检查井的常规检查时，一定要按照事先制定出的检查方案进行检查，比如，检查井是否出现下沉、变形等情况。与此同时，在进入检查井检查时，一定要做好检查井周边地基的检查，保证周边土质具备很好的承载力，进而满足检查井的施工需求。

污水处理厂的管道施工工程与建筑工程施工不同，其主要原因是管道工程是一项隐蔽工程，大部分施工作业都是在地下完成的。一旦完工后，想要再次进行检查是不可能的。因此，施工单位在进行管道施工作业时，一定要秉持严谨的工作态度，仔细地检查管道施工过程中的各个环节，把控施工质量，按照施工标准完成施工作业，才能够提高管道工程的整体施工质量。

第六节　污水处理厂配套管网的深基坑施工

随着我国城市化建设不断向前发展，人们对城市内部的环境质量控制工作重视程度越来越高，污水处理工作是城市发展过程中非常重要的工作环节。本节重点针对污水处理厂配套管网深基坑施工展开分析，同时提出相应的施工控制要点，为提高污水处理厂的整体施工质量打下良好的基础。

本节针对我国某地区一处污水处理厂配套管网工程施工展开了全面分析和研究，重点涵盖污水管道和污水中水管道施工等，该工程当中共设有 16 个顶管深基坑，并且将该工程施工划分成三种不同的构成形式。深基坑的开挖工作总共分为四种不同的施工方式，通过分布开挖的形式来加以开展，有效提高了深基坑的整体开挖安全和施工效率。对深基坑顶管进出口位置采取灌注桩加固的处理方法，同时运用橡胶止水法来有效提高维护结构的整体性以及抗渗透性。在深基坑的开挖工作中，需要保证封底施工完成之后和排水盲沟之间进行有效的衔接，以此来形成一整套完整的深基坑排水系统，有效地提高深基坑的整体排水工作效率。在深基坑的支护桩体平行位置设立多个移动观测点，分别包含桩体水平位移、竖向位移以及地下水位等多个监测点位，通过周期性监测和观察对内部的水位高低值进行实时预报，避免水位过高造成深基坑的维护结构稳定性下降。

一、深基坑设计分析

（一）圆形深基坑设计

第一种深基坑为圆形基坑结构，维护结构采用的是水泥搅拌桩和钻孔灌注桩组合形式。该支护结构当中，通过两道混凝土墙来进行支撑，整体的稳定性程度相对较高，基坑的总深度为 12.5m，该深基坑结构的第一道支撑体为灌注桩，第二道支撑体为钢筋混凝土支撑结构，设置在坑底以上 2m 的位置。

（二）矩形深基坑结构

第二种深基坑结构为矩形深基坑结构，维护结构为水泥搅拌桩和钻孔灌注桩两种形式。该深基坑的第一道维护结构为混凝土支撑结构，内部设定了一道钢筋支撑体，深基坑的总深度为 10.5m。第一层支撑体在灌注桩的顶部，通过混凝土钢筋梁来进行支撑，并且在横向方向上设定两道一定角度的混凝土支撑体。第二道混凝土结构使用的是钢腰梁结构，在深基坑的平行地面方向上设置出两道型钢支撑体，并且距离基坑底部 5m。

（二）第三种深基坑

第三种深基坑结构同样为矩形基坑结构，周围维护结构为水泥搅拌桩和工字钢结构，支撑体为一道刚性支撑体，距离基坑底部大约 5.5m，在深基坑的顶部以下 1m 位置设置出 HW400×400×13×21 结构，并且使用钢管角来进行水平支护，提高整个基坑的稳定性。

二、深基坑的开挖和支撑施工

（一）深基坑开挖

在基坑的开挖施工过程中，需要遵循分层挖掘和先支撑后挖掘的施工原则，要充分保证深基坑的形变量控制在标准的施工范围之内。在施工过程中需要保证基坑的开挖线路符合工程的整体荷载要求，并且需要做好相应的参数计算工作。在基层的挖掘施工过程中，需要严格控制基坑内部的降水时间以及整体的降水量，依照不同的分层和分级要求来进行逐步降水，在施工过程中需要时刻检查机构内部的降水量大小，避免造成周围地面产生不良沉降问题。在基坑的挖掘过程中，分为以下几种不同的施工状况：首先，需要去除基坑表面的覆土，然后将挖掘机坐落在施工区域范围内，从地面向下挖 1m 左右的土层，同时在水泥搅拌桩的外侧预留 3m 左右的工作空间；其次，挖掘机在施工过程中需要从挖掘区域直接倒灌梁的底部保证内部钢筋混凝土不会受到不良的影响；最后，基坑内部的惯量强度需要达到总设计长度的 100%，然后再进行基坑内部的土方开挖工作，挖掘机设备需要在施工区域范围内保证拥有足够的挖掘空间，通过配合取土的方法将开挖深度进行合理的控制，以保证基坑的灌注桩内部和钢筋之间连接。等到冠梁的强度达到设计强度的 100% 之后，再进行深基坑的下层土开挖工作。通过使用长臂挖掘机设备在施工区域范围内进行挖掘和配合，开挖到深基坑的底部之后，再进行基坑的封底施工操作。当开挖深度达到基坑底部标高以上 30cm 之后，通过使用人工清理的方法来保证施工表面的清洁度，并且禁止出现超挖或者是对周围的土层形成不良的影响。

（二）深基坑支撑施工

在土方开挖施工过程中需要严格遵循分层和均衡取土的方法，要先进行支撑然后再进行挖掘工作，当土方结构挖到基坑的支撑底部时，需要立即进行相应的支护处理，土方开挖施工需要和支护施工之间进行相互配合，保证挖掘施工的稳定性，同时也提高了整个基坑结构的安全性。

1. 钢筋混凝土支撑

深基坑结构的冠梁和灌注桩相互之间采用的是 322mm×2000mm 直入桩体内部 250mm。在灌注桩表面来直接进行打孔，钢筋的主体结构涂抹植筋胶，实际的涂抹量需要依照基坑的施工规范要求来加以使用。使用的是木质模板，支护完成之后需要对侧方模板进行加固处理，深基坑结构的整体设计强度需要达到 1/300 的起拱条件，在混凝土浇筑施工过程中需要保证深基坑结构的强度等级、坍落度以及振捣条件等符合工程的施工要求，保证混凝土冠梁、环梁和支撑面的施工质量。

2. 型钢支撑

型钢支撑的稳定性是整个深基坑支护工作的重要影响因素，因此，在进行行高支撑工作中，必须要保证钢体支撑的准确度，并且依照正确的钢体支撑流程来进行安桩。当挖掘机设备开挖到标准的设计高度时，需要及时测量出钢铁支撑的位置并且进行支架焊接。当型钢的腰梁和灌注桩之间进行连接过程中，需要保证正确的连接方法，在植入灌注桩的钢筋体上直接焊接一块水平钢板，以此作为支撑结构支架和 H 型钢之间进行连接，并且支架的托架在 H 型钢上直接进行焊接，有效地提高整个支护结构的稳定性。

（三）进出洞处理方法

因为顶管的周围维护桩结构为钻孔灌注桩结构，在顶管的进出口位置需要进行灌注施工，但是破除灌注桩之后会对整个深基坑的结构稳定性形成不良的影响，因此，在施工过程中必须要对维护桩结构周围采取相应的加固处理，然后设置相应的止水设施。基坑的外部进出洞口位置，需要通过一系列的加固处理方法，以保证侧方进出洞口位置的排水性能。完成该项施工之后，需要对深基坑的出洞口位置维护结构进行拆除，拆除之后的洞口形状为圆形，圆形的中心点和管道的中心点保持相同，洞口的直径大于管道外部直径。破除周围的维护桩体结构之后，需要使用混凝土材料来进行浇筑加固施工，并且形成洞口加固的混凝土墙，外部渗出主钢筋体作为加固结构，同时在混凝土墙当中使用橡胶止水法来进行处理。

在污水处理厂的配套管网深基坑施工过程中，相关施工人员需要对深基坑的支护结构施工加以充分重视，并且在施工过程中需要对每一个施工环节的质量进行合理的把控，提高深基坑施工的稳定性，进而有效地提高污水处理厂的整体工程安全性，实现污水处理单位良好的经济效益和社会效益。

第七节　污水处理厂钢筋混凝土管道的安装施工

污水处理厂钢筋混凝土管道施工技术应用，对改进现有排水系统，提高污水排放效率至关重要。本节主要介绍污水处理厂工程项目，对项目位置、基本情况和排水工程要点进行详细分析，结合现状对污水处理厂排水管道材料选择、施工方法应用、管道位置纠偏和防渗水设计进行重点探究，以期为管道施工提供一定参考。

城市污水处理厂是市政建设的重要组成部分，对钢筋混凝土管网施工技术与安装要点进行明确，提升污水排放能力是目前工作主要方向。在管道施工中，技术应用水平关系着施工质量，也对管网系统使用寿命产生深远影响。使用最新理念和技术，对污水处理厂钢筋混凝土管道安装技术进行规范，确保项目施工质量，成为人们关注的重点。

一、污水处理厂工程项目简述

（一）基本情况

本次施工项目为汕头市潮阳区谷饶污水处理厂二期管网工程，地点位于汕头市潮阳区谷饶镇，拟采用截流式合流制排水形式，将入河排污口进行合并，将污水集中输送到污水处理厂。

项目施工中充分考虑实际条件，对现有水系环境进行分析，对主要排污管道进行梳理，防止污水进入河流污染环境。根据水系分布特征和污水排污情况，本工程分多线操作，对部分管道实施一体化污水处理设备应用。考虑到部分地区较为偏远，一体化污水处理系统的应用可有效地节省管道投资，以提高污水处理效率。

项目所在地抗震设防烈度为八度，本工程推荐使用管径 DN > 800，钢筋混凝土管材，以橡胶圈对接口进行密封；部分管道施工中管径 ≤ 800，此时，宜采用 HDPE 管材；在地质条件较为复杂，地下水位偏高的施工路段则使用了钢管材料，排水压力管也统一采用钢管，顶管段采用 III 级钢承口式混凝土管。

（二）排水工程

排水工程设计标准如下：本工程作为永久性市政工程的组成部分，管网规模建设中参考远期规划进行，工程设计年限为 50 年，结构基本抗震烈度为八度。设计尺寸方面，检查井以 mm 计量，其余部分均使用 m 计量。排水体制方面主要为截流式合流制排水体制。污水排水管道的布置主要分为两段：第一段沿着 S237 段敷设，管径为 d1000 ~ d1200；第二段沿着新建街道敷设，管径为 d1000 ~ d1500。在管道安装施工中对技术进行升级，注重材料优化、施工方案选择、位置纠偏和防渗水设计，以达到预期设计施工效果。

二、污水处理厂钢筋混凝土管道安装施工技术

（一）管道材料选择

在污水处理厂钢筋混凝土管道施工中，应重视材料的选择与应用，对管道材料的投资进行控制，并且考虑管材水力性能和施工中应用便利性。在本次工程中，对管材的选择，综合考虑了价格、性能和施工进度等多项因素，最终使用钢筋混凝土管材，并且对管道附属建筑物进行综合考虑，根据实际情况调整排水管道敷设方案，使项目施工更加安全可靠。

针对雨水口位置，采用联合式雨水口，深度达到 1.0m，使用规格为 D400 级的球磨铸铁配套底座。雨水口检查井桩号平行管道中心线应向上偏移 2m 布置，雨水口的连接管为聚乙烯缠绕结构 A 型管，管径为 DN300，环形刚度大于 8kN，坡度为 0.01。

排水检查井根据地下水实际情况设计，需要砖砌，并且在管道转弯处和管径坡度改变处设计检查井，外墙使用 1 ∶ 2 防水水泥砂浆，涂抹至检查井顶部位置，涂抹厚度 20mm。材料使用 D400 级球磨铸铁井盖，承载力为 400kN，直径为 700mm。雨水井井盖标注"雨"，排污管井盖标注"污"。

（二）施工方法应用

管线施工中，严格要求放线流程，检查坐标点放线，对主线管道轴线投影与检查井横轴线交点进行控制。根据现场施工实际情况，对施工方案进行选择，提升施工技术应用可靠性。在本次项目施工中，也进行了现场复核工作，对污水管线的上下游管线进行检查，要求管渠、水体位置、标高、断面尺寸等参数，满足设计要求，对现场施工中存在的问题做到及时发现并及时处理，与设计单位协调处理。

在测量放线中，考虑到污水处理厂管线结构错综复杂，整个厂区均有排水管线布置与施工，因此，在具体施工环节，对平面位置和高程精准度要求较高，需要加强测量干预，对厂区合适位置布置测量控制网，以达到对施工数据的有效获取。

在实际工作中，应测量管道位置中心线坐标，根据已经测放的坐标控制点，对排水管网进行布局。为控制精准度，技术人员应使用全站仪对中心控制点进行定位，并且用木桩结构在 10 ~ 20m 的位置标记管道中心线。为方便后期管道沟槽的开挖与测量，可将中心线引测到开挖面以外，使用白灰粉标注沟槽边线后，再进行土方结构的开挖施工，使施工技术应用更加稳定可靠。

在管道沟槽开挖与地基处理环节中，技术人员应控制沟槽开挖边坡，为施工安全提供可靠条件。边坡坡度应根据开挖深度而定，倘若现场施工条件出现变化应落实支护施工措施，以确保沟渠的整体稳定性。管道与构筑物地基承载力、管道基础施工技术要求应满足《给排水管道施工技术标准》，并且严格按照施工图纸进行施工，倘若现场出现较大变更，应与设计单位协商，使施工方案应用科学有效。

施工材料的施工需具备出厂检验合格证书，并且严格按照施工顺序进行现场检验，提

升施工质量。管道连接施工后，需要开展水密性试验，对管道接口位置进行试验，试验方法参考专业规范进行。例如，在本工程施工中，对管道水密试验参考《给水排水管道工程施工及验收规范》（GB 50268–2008），其中雨水管道的管径＞800时，应对不少于总长度三分之一的管道进行抽样闭水试验，以确保排水管道的使用性能。

（三）管道偏移处理

在污水处理厂排水管道施工中，容易出现位置偏移问题，使大量积水沉积在管道内部，影响管道系统使用能力。造成管道偏移的因素较多，主要集中在以下方面：第一，测量数据和施工数据之间存在偏差；第二，施工中对主要建筑物和地下管线的避让。管道偏移处理的难度较大，应重视偏移问题。管道施工前，应加强对比测量工作，原则上，对管线的测量次数应超过两次，并取每次测量的平均值，将误差控制在合理范围内。设计施工标准和测量数据应符合施工总组织设计要求，并且与实际地质条件相一致。

为控制管道偏移问题，对沟槽开挖技术进行严格要求，防止出现超挖、断面不符合边坡塌方问题。与此同时，对作业面复杂的区域进行分层开挖设计，在确保安全性的前提下，提高管道沟槽的施工水平。在管道施工中，应在合适的位置设计连接井，方便后期的维护和故障处理。

为防止管道发生偏移，应对管道沟槽的开挖顺序进行明确。沟槽开挖一般从槽内较低的位置开始，并且做好相关的防护工作，防止地下水流入沟槽内。针对沟槽内的降水进行处理，主要通过集水坑与排水沟进行处理，集水坑设置在标高较低的一端，开挖深度为基槽以下 0.5m，同时在相关位置埋入无砂管。对基槽施工技术进行应用，控制沟槽整体规格可实现对管道施工位置的有效控制，以达到施工方案要求，提升施工技术应用可靠性。值得注意的是，在排水管道沟槽施工中，应做好碎石回填工作，并且使用打桩机进行夯实。

（四）防渗水的设计

在污水处理厂管道施工中，有时会出现严重的渗漏问题，影响管道质量控制。在施工过程中，要加强防渗水设计，对排水管道材料进行严格要求，使用质量达标的管道材料，并对管道供应商的资质进行严格审查，注重在源头上控制施工水平。在排水管道施工过程中，应严格参考设计标准、施工方案标准和要求组织施工作业，并对管道施工人员的专业技术水平进行培训，防止发生技术操作问题，影响施工作业的安全性与连续性。

针对施工中出现的地质条件不利问题，应使用地下连续墙工艺，使排水管道周围土质承重能力获得提升，以满足防渗漏要求。此外，对管道连接位置的焊接质量进行严格要求，强化焊接工艺应用，使管道施工质量更加可靠；提升质量标准，防止连接位置出现渗水现象。在高压旋喷桩施工中，对止水帷幕结构进行优化设计，基坑开挖阶段采用双排 600 旋喷桩作为止水帷幕结构，选择 42.5 普通硅酸盐水泥作为固化剂，每延米桩长水泥用量控制在 250kg 之内，并且水灰比达到 1.0 标准，压力应超过 20MPa。

在防渗性能检测过程中，需要对管道进行注水浸泡。在实践中，对管道两侧进行封堵，使用 1 ∶ 2 水泥砂浆进行抹面，对其进行养护管理的时间应达到 3 ～ 4 天，当管道结构达到设计强度后，再向闭水段检查井进行注水，注水试验为上游管内顶部 2m，倘若现场实际条件达不到 2m，需要将水灌入上游井室高度。在整个注水试验的过程中，需要关注管道、井体有无严重漏水问题，发现问题及时做好标记。同时，对闭水试验的持续时间有严格规定，在实际操作过程中，应超过 30min，并且严格根据井内水面下降值，对渗水量进行计算，若渗水量不超过规定值，判定排水管道防渗漏设计合格。当压力管道灌满水后，应确保水压升高至试验压力，并且保持压力值恒定。恒压状态下保持 10min，观察管道接口是否存在漏水现象。

综上所述，在钢筋混凝土管道施工与安装中，应重视关键技术应用，分析管道系统环境和整体性能，在技术条件允许范围内，对管道连接要点进行控制，提升排水管道系统服务能力。在实践中，对管道材料进行合理选择、加强施工技术与方法应用，对管道偏移进行纠正，同时设计有效防水设计方案，以达到理想的施工标准，管道排水性能获得显著提升。

第七章 污水处理厂工程施工管理研究

第一节 污水处理厂建设施工管理

污水是社会发展过程中产物，对城市环境以及人们的生活具有非常严重的影响。因此，必须对其进行处理，而污水处理厂是处理污水的主要场所，必须加强其建设。本节主要介绍了污水处理厂在进行建设时存在的施工管理问题，并且提出施工管理措施，以期促进污水处理厂建设质量的提升。

近年来，随着我国经济社会的不断发展与进步，城市化水平也在不断提升，工业化进程加快，在给我国带来巨大经济效益的同时，也破坏了生态环境。大量污水排放使河流等水资源遭到污染，严重影响人们的正常生活。所以，加大污水处理厂建设，科学处理污水成为改善城市生态环境应当重视的问题。

一、污水处理厂建设施工管理中存在的主要问题

（一）建设的规模、选址不合理

为了改善水资源污染严重的现状，城市污水处理厂的建设已经全面普及。但就目前而言，大多数污水处理厂只重视扩大规模，超出了自身的经济水平与城市发展状况，在建设过程中暴露出了较多问题。

（1）通常情况下，政府部门主要负责污水处理厂的投资建设，相关管理部门没有及时将准确、可靠的信息反馈给政府部门，从而在后续建设过程中，将工作重心放在扩大工程规模、增加资金投入上。

（2）现阶段，对于大多数城市的绩效考核工作而言，对污水处理厂的排放治理情况也是一项重要指标，因此，部分城市可能出于提升业绩、追求福利等目的，不顾实际需求建设污水处理厂，引发各种严重的资源浪费问题。

（3）在实际建设过程中，因为缺乏创新思想，片面地认为在污水处理过程中只能采取集中处理的方式，拒绝进行分散化处理。在此情况下，污水处理工作受到限制，相关单位与人员只是照搬理论知识，而没有结合实际情况进行处理，认为扩大污水处理厂的规模是解决问题的唯一途径。

（二）污水处理厂的设计与施工不符合

在施工建设前期，因为存在资金短缺问题，大部分的污水处理厂会省略对设计与施工方案的评估环节，存在边设计边施工的情况，甚至还会经常改动设计方案，从而导致施工建设难以达到预期效果，而上述问题通过采取合理有效的评估措施可以有效规避。在施工建设过程中，建设单位没有对实际建设情况进行深入、细致的研究，在没有完全掌握当地环境因素的情况下，通过生搬硬套其他成功设计模式的措施，严重脱离自身的经济实力与发展水平，在污水处理厂正式投入使用以后，也难以取得良好的效果。

（三）污水处理厂设计与建设过程管理不到位

对于污水处理厂而言，受其自身属性的限制，与金融、建筑以及通信等多个领域都存在密切的联系，因此，在其实际发展过程中，可以在一定程度上带动上述相关产业的发展。在承建单位与项目施工单位进行生产活动的过程中，如果存在管理目标不具体、智能分工不明确等问题，都会导致正式施工环节的管理工作面临盲目性与僵化性等难题。项目负责人掌控着整个施工建设的进度，一旦其不能及时到位，则会影响整个工程建设的效率与质量。在施工过程中可能出现大量的突发性问题，进而会引发施工材料不达标、工期延误等问题，严重威胁施工的安全性与有序性。此外，在没有制订详细计划的情况下，如果随意向施工现场调配施工人员，也会导致设备与资源的浪费问题，不仅直接表现在人力、物力与财力的铺张浪费，还有可能导致施工安全性问题增多，引起建设过程周期长、资源损耗大等问题。

二、污水处理厂施工管理措施

（一）做好前期的勘查工作

施工设计之前要对工程项目选址所在地进行详细的地质勘查，掌握工程建设地点的地质条件、自然条件和地下管线分布情况。具体要完成如下工作内容：首先，要对现场的相关情况进行调查，掌握地下管线等附属设施的分布情况，为建筑施工设计提供参考依据；其次，根据现场的条件制定出地基开挖的方案及开挖的顺序，同时制定出管线的处理方案，与相关部门协调管线的处理是否妥当；再次，进行相关工艺的实验分析，主要包括止水帷幕工艺和锚索工艺等，根据实验选择妥当的施工参数；最后，制定完善的施工准备方案，提前准备好施工所需要的人才资源、物料资源和相关的其他资源，以确保后续的施工能够顺利地展开。

（二）做好衔接作业的把控

整个污水处理工程的建设施工环节多、施工周期长，因此，许多环节需要完善的衔接才行，否则无法顺利推进项目建设，所以需要控制好衔接作业：首先，根据施工方案划分好不同的施工流程，同时根据实现顺序编制好不同施工环节的衔接方案，确定施工作业的顺序和衔接方法；接着，根据施工图纸对施工场所进行分区施工，同时对相邻区域的施工及交叉作业做好现场协调，避免出现施工冲突；最后，根据不同施工队伍的特点及施工任务要求，明确不同施工队伍的施工场所、施工顺序及具体内容，确保最终施工完成的工程质量符合设计的要求，满足污水处理的需求。

（三）构建完善的质量管控体系

必须要构建完善的质量管理体系来确保所有施工环节和施工技术参数都有据可依，所有施工人员能够根据制度落实施工要求。在具体实践中采取以下措施：

1. 建设单位层面

选择现场施工人员的时候必须确保资质合规的施工队伍承接工程施工方案，并对整个施工过程进行监管。严格按照施工合同进行项目施工进展的管理，在施工过程中如果确实需要变更设计的，必须严格地进行审议，确保不影响后续使用方可进行变更。

2. 施工单位层面

一般来说，污水处理厂工程建设工作具有专业面广泛的特点，除了建筑工程和给排水设施等外，同时还涉及电气设备专业和环境保护专业等，因此对质量管理工作的要求较高。所以要不断地提升现场技术人员的综合业务素质，了解施工中的关键技术点及相关管理要点，确保项目按预期设计进行。构建完善的质量保证体系，认真落实技术交底制度和材料进场检验制度等，强化对材料和施工技术等的严格把控，最大限度地保障作业的质量和效益。在施工作业期间做好操作记录以及材料试验记录等工作，加大对各类供需接口的把控和处理，所有的施工细节和物资使用情况都要详细地记录和统计分析，以保证出现问题的时候能够准确找到负责人。

3. 监理单位层面

监理工作主要是对施工的全过程进行有效的监督，确保施工效果能够与设计预期相符，通过现场的监管来保证项目持续、顺利地推进，进而保障最终施工的质量。配置的监理工作人员必须要具有高业务素养水平，能够做好各项沟通工作，实现对人员和材料等的全面监控，最大程度地保证施工的质量。依据工程项目施工过程中现场采集的各项数据对项目进行全过程动态质量管理，确保最终顺利竣工。

（四）加大施工现场的管控力度

在污水处理厂的施工建设过程中，对于质量控制环节而言，为了实现施工建设质量的有效提升，相关工作人员应该深入施工一线，加大动态化管控力度，保证作业质量目标的实现。在具体实践中引入信息化技术，辅助施工作业现场的动态化实时监管，对所有关系到施工的原材料及设备进行动态的管理和查验，确保与设计方案完全相符，以免出现质量缺陷等影响项目进度的正常推进。依托信息化技术，搭建机械设备操作远程监控系统和现场监控系统等，辅助机械设备和人员等开展管理工作，全面提高管理水平，促进管理目标的实现。有的工程的设计方案是针对具体城市的水污染治理需求设计的，所以很多设备的技术参数都是个性化的，不能采购现有的通用设备。而有些设备是非标设备且必须由上而下定制，最终制作完成的效果关系到最终整个工程投入使用的质量及安全。这就对工程建设者们的设备质量管控提出驻厂监造的要求，要严格地对现场施工情况进行监管，确保严格地按设计方案进行施工，从而保障工程竣工投入运行后的使用效果符合预期。

（五）严格控制工程竣工验收工作质量

由于工程验收环节多，很可能在验收过程中出现各种不同的情况，比如，施工质量管理不规范、施工验收工程量存在错漏等情况，这些都会影响到最终的施工质量控制效果或者施工进度，所以验收人员要严格地按照施工验收方案执行验收工作。首先，要根据验收工作标准要求自己，在工作中保持严谨的工作态度，现场验收只认可验收数据，不得随意更改验收结果；其次，要熟练掌握验收工作技能，并对负责的工程项目足够熟悉和了解，熟悉各类验收设备的使用规则，能够根据现场验收结果给出验收结论。

由此可知，必须高度重视污水处理厂的工程项目建设，这是确保工程项目最终符合污水处理需求的有效措施，并且在施工管理过程中，要建立完善的质量管理体系，并严格落实现场施工管理制度，以确保现场施工的规范性，保障施工质量。

第二节　污水处理厂施工现场管理

污水处理厂施工现场管理会直接影响施工质量，成本控制以及污水处理厂今后的安全运行、节能效果及出水水质等。如何做好污水处理厂现场施工管理，本节结合某城市污水处理厂工程从质量、进度、安全、投资方面进行探讨和分析。

一、项目概况和背景

我国城市污水处理发展水平现状对于改善城市面貌、加速城市发展来说任重道远。随着新工艺、新技术、新要求的出现，污水处理工程建设正朝着专业化、多样化、现代化的方向发展。污水处理工程施工现场管理的好坏关系着工程项目的质量、安全、进度、投资，要通过严格的控制和管理才能得到有效保证。

某城市污水处理厂建设规模 2 万吨／日的废水预处理设施，主要采用氧化沟＋砂滤工艺，处理后出水达到《城镇污水处理厂污染物排放标准》一级 A 标准，工程采用 EPC 模式。

二、项目开工准备

污水处理厂工程正式开工前所进行的一切施工准备，其目的是为工程正式开工创造必要的施工条件。它既包括全场性的施工准备，同时又包括单项工程施工条件的准备。工程开工后，每个施工阶段正式开始之前都要进行施工准备。如氧化沟的施工，通常分为地下工程、主体结构工程和设备安装工程等施工阶段，每个阶段的施工内容不同，其所需物资技术条件、组织要求和现场布置等方面也不同。因此，必须做好相应的施工准备。

认真核查施工图纸是否完整和齐全、施工图纸是否符合国家有关工程设计和施工的方针及政策、施工图纸与其说明书在内容上是否一致、施工图纸及其各组成部分间有无矛盾和错误，并做好技术交底工作。

合理制定施工方案，污水处理厂的池体构筑物的重要组成部分包括配水排泥井、细格栅、沉砂池、粗格栅、氧化沟、砂滤池、消毒池。对于不同的结构进行施工时需要考虑具体状况以便于制定指向性的施工方案。施工时一般按照先大后小、先深后浅的顺序进行。对于整个施工必须要先有施工方案以及预防措施，进而才能展开施工。

三、项目质量控制

百年大计质量为先，质量是建设工程的生命。制定完整的管理措施，以此来保障污水处理厂工程顺利进行、提高工程的质量。比如：为了对污水处理厂混凝土的施工进行有效管理，就要在混凝土方面制定相应的施工措施，以此来确保其混凝土的质量；为了对原材料的质量进行保证，就要在原材料方面制定施工材料的管理规定，使原材料达到国家规定的标准等。污水处理厂管网工程，还需要加强管材的质量控制，在管材的质量管理中，需要加强管材的检查，保障管材质量符合要求，并且对管材采用科学化的管理，对于运输以及安全过程中的管材进行保护。沟槽开挖的质量控制，在沟槽开挖的过程中，需要加强测量放线的质量控制，对沟槽开挖的槽底、超挖等进行质量控制，并且对周围的土质等进行勘查，做好施工控制。

四、项目施工安全控制

安全施工是项目顺利建设的关键，只有施工安全得到保证才能使项目完整地完成。建立安全责任制度，项目开始与承包商签订合同时，同时签订安全责任协议书。项目经理是项目安全施工的第一责任人，施工单位要制定安全生产规章制度和操作规程，对所承担的施工工程进行定期专项安全检查。对施工单位编制的方案进行安全审核，确保安全文明措施落实及安全资金使用到位。配备专职安全员，对项目安全进行监管，发现安全隐患及时解决，确保项目建设顺利进行。定期进行安全巡检，对工地现场进行安全监管，定期召开例会，对施工人员定期进行安全教育，增强施工人员的安全意识，提高安全等级。加强施工人员的熟练程度和操作水平。施工前对施工人员进行培训，切实提高施工人员的技术能力以及安全意识。焊工、电工、起重工等技术人员必须持证上岗，在施工前需要对相关施工人员做好岗前技术培训，确保每位施工人员合格上岗。对关键人员（项目安全员、特殊工种等），关键部位（登高作业、用电施工等），特种设备（塔式起吊设备、挖掘机、电焊机等）的安全进行重点监管，现场设置危险源辨识牌，确保施工人员劳保措施到位。

五、项目施工进度控制

污水处理厂项目的总承包单位应根据工期关键控制点，结合实际工程特点，编制工程施工控制进度计划，合理安排总工期，对各专业给出阶段性的工期控制点，把所有专业包含在其中，并采取相应的控制和管理措施。项目部应建立以项目经理为责任主体，子项目负责人、计划人员、调度人员、作业队长及班组长参加的工期管理组织体系，其中应包含业主指定分包但由总包方负责管理的分包项目负责人。

实施动态控制。在实施过程中，依据某水质、水量变化的情况以及施工进展情况，在不影响总进度计划的前提下，及时对进度计划进行修正、调整及纠偏，确保项目顺利实施。召开周／日例会，在例会中参照月及周进度计划，对照计划落实情况，进行纠偏及整改，通过会议控制进度计划，确保工期。确保施工单位各项施工保障措施到位，如劳务人员充足，采购的材料、设备工具、器具到位等。在合同中明确施工工期，在实施过程中严格执行合同工期，按照制定的目标确保工期不被延误。遇到工程地质、天气及周边环境等方面的不利因素造成进度滞后，需采取增加人员或合理统筹等必要的措施设法调整进度，以确保工程按期完工。

六、项目施工成本控制

施工成本控制是项目管理重要环节，有效地控制投资，可以用更少的投资建设满足使用功效的污水处理厂，创造更多的效益。在成本控制中需主要进行以下几方面的费用控制：①人工费用的控制：施工中雇用劳务人员数量的多少决定了人工费用的消耗量，施工初期，施工企业成本核算部门要根据劳动的定额量计算出相对准确的定额用工量，尽量避免在用工环节的浪费。在具体的施工过程中，要组织企业高技术人员进行有效监督，提高施工人员的工作技术水平，在组织管理施工班组方面有所加强，提高劳动效率，做到减少和避免无效劳动。遇到技术含量要求不高的单位工程时可以包干控制，让分包商分包，减少工费。②材料成本的控制：在施工中对材料成本的控制是很重要的一方面，材料成本的控制主要有两方面，即施工材料的用量控制和施工材料的价格控制。除此之外，材料运输要选用最经济的运输方法，要考虑资金的时间价值，尽量减少资金投入和存货成本。③机械费用的控制：施工机械的使用费，要参照工程建设的需求，选用合适的机械，对现有的机械设备要充分利用，避免浪费。④其他间接费用的控制：其他间接费用中开支大的主要是工资、差旅费和业务招待费。这三项开支占其他间接费开支总额的50%以上。要把其他间接费用开支降下来，就需要项目部工作人员，尤其是审监部门的人员，加强对各项事务的细致审核，避免工作人员投机和浪费。

城市建设离不开污水处理工程建设，要加强工程项目现场管理，在建设过程中必须对工程项目的质量、安全、进度、投资进行严格的控制和管理，这样才能将工程项目做得更好、更顺利。

第三节　污水处理厂施工项目成本管理

针对污水处理厂施工项目成本管理进行探讨，分析污水处理厂施工成本管理的波动性，结合污水处理厂施工成本管理的具体内容，阐述成本管理过程中应注意事项，并提出提高工程效率和员工积极性的具体措施，以期更好地进行污水处理厂成本管理。

污水处理厂施工成本是在工程实施中需要的花费，其中包括材料、设备、人工费等。

成本计算有三个步骤：

领导根据之前的数据来大概推算本次的成本；

管理者写出期望的成本数，以控制总成本数；

项目结束时计算实际成本数，并且和之前计划的数量进行比较，如果相差不大说明预算效果较好较准确；相反，如果相差较大就说明在成本管理中出现了问题，在以后的管理中要注意，避免再次出现这样的现象。

一、污水处理厂施工成本管理的波动性

污水处理的成本数的确定难度很大，具有很大的波动性，这也是成本管理最大的特点。首先是因为它与装修、安装等施工队伍都有密切关系，如果和某个施工队伍比较熟悉，可以节约一定的成本，如果使用新的工程队伍，也许价格需要进行谈判，并且还承担着质量的风险。信誉好的队伍价格高，信誉低的队伍价格低，这需要进行权衡，不仅需要考虑资金的问题，同时还要考虑工程目标的问题。有的工程项目大，所建的污水处理厂规模大，那么最好选用信誉好的队伍。各个工程分项目的队伍的计算方式存在差异，有可能不能统一计算方法，这是造成成本预算困难的实际问题。其次是因为一般的工程进展都会有一定的周期，时间长则几年短则也要几个月，还有气候的影响，例如，北方的冬天就无法进行户外的作业，在南方遇到连续阴雨时也不好进行户外的作业。在这期间预算的上下波动极大，无法在此期间给出明确的成本数。

污水处理厂的施工主要包括工人劳动、设计师设计、管理者经营等方面，这其中有相互制约性，同时也会产生一些不同的见解，有些事情都是因人而异，不同的人有不同的想法和考虑，有的人看重利益，有的人一定要保证质量好。看重利益的人可能会买进质量一般的材料以减少成本，而重视质量的人会选择质量过关的材料，以避免返工造成更大的麻烦。由此可以看出，工作人员的不同见解会加大成本预算的难度。在施工的过程中，如果某一个环节出现问题，那么之后的计划都要修改甚至作废，成本计划当然也要重新开始。

不仅耗时耗力，有时可能还会造成经济上的损失。

污水处理厂的施工成本计算不只是程序复杂，各种不确定因素也是其中的重要原因，前面提到的两点已经体现出来一些方面。施工要有材料和设备，而它们的价格会因市场行情变化而变化，有的卖家卖得贵些，有的卖家以低价求销量，所以在计算这两项成本的时候只能预计大概的数值，很难得到精确的数值。工人的工资也是有波动性的，普通工人的工资在一个水平，技术工人的工资会更高一些，做成本预算时一定要调查市场上工人的工资平均水平，以此为依据制定工资。因此，管理者不能随意定价，定低了工人不满，延误工程进展，定高了又会加大成本，造成资金不足或者出现资金链断开的现象。

二、污水处理厂施工成本管理内容

污水处理厂施工项目成本的管理内容有五个部分，每个部分都不得轻视，都会影响到成本的预计、计划及管理。它们是构成整体的小的部分，缺少哪一个都不行。

（一）施工成本计划

施工成本计划是成本预计的最基本部分，意思就是以书面的形式写出在施工过程中计划用多少钱，最高成本是多少，如何能够降低成本等内容。内容越详细越好，这样有利于计划的进行，同时也能够很容易地找到不足的地方。

（二）施工成本控制

施工成本控制是降低成本数的具体措施方案计划，要对工程中的各类因素分析到位，严加管理。成本控制的本质就是降低成本，同时还要保证工程的完成，两者要兼得。控制的方面可以有很多，每一个环节都要考虑到，不容忽视。

（三）施工成本核算

施工成本核算时根据工程的不同选择不同的计算方法，并且在可以利用的钱数范围内，得出最终的核算结果。核算结果主要包括总数和分项的数目，这样有利于总结时说明更加明了清晰，让每个人都能快速明白数字代表的含义。

（四）施工成本分析

施工成本分析是在成本预算的整个过程必须进行的，通过对成本计算的过程管理，分析施工过程中的各种对成本计划的影响因素，多次将预计数与成本数进行对比，研究这种变化的规律，同时找出能够更好地计算成本的方式方法，提高效率。

（五）施工成本考核

施工成本考核是在污水处理厂工程结束之后，对过程中的各项指标进行考核，并且要制订追踪计划，间隔多久就要复查一次，以确保安全。在考核中，明确责任人，当出现问题时可以很快找到原因，不互相推卸责任。考核中还要奖励表现优异的员工或集体，以激励他们继续努力。激励的方法有多种，要适当应用以得到更好的效果。

三、污水处理厂施工成本管理中应注意的问题

在施工中面对的一个重要问题是利益与质量的权衡。重利益轻质量会造成返工、追加成本等问题，重质量轻利益会造成成本增加、资金不足等问题。因此，权衡这两者的利弊要选择适中的方式，既要确保质量也要控制成本数。

成本分析一定要贯穿工程的始终，不能只在结尾时或者从中间阶段开始，认为开始的时候不用进行。实际中，当出现这种状况时才知道这是错误的，很多方面已经超出了预算，甚至超出的数量很多，已经成为无法改变的事实，后悔当初的大意已经来不及。但是我们可以吸取教训，获得经验。正确的做法是从工程开始的阶段就进行预算，做到有备无患。在进行资金输出的时候心里有数，与预期进行对比，不能超出过多。

施工的时间长短叫作工期，工期不是小问题。工期长会浪费很多的资金，或者计划不周，前期施工松散，后期连夜加班，不仅工人会在情绪上不满，同时还会影响工作的状态。这样对施工都是不利的，对成本的计算也会带来很多问题，本来计算好的数据又要修改。

工程保险同样应引起注意，大家都不希望出现事故或者问题，但是一旦出现就要面对，有了工程索赔，管理就会有所保障，能够应对突发事件。做工程本身就是带有风险性的，冒险的同时一定要找好补救的方法。冒险的结果只有两种：一种成功，获得大量利益；一种失败，损失惨重，甚至倾家荡产。有了保险管理就会在失败时减少很多的损失。

四、污水处理厂施工项目成本管理存在问题的建议

信息的沟通是提高工程效率的重要方法。在信息高速发展的时代，每天都有大量的新鲜信息出现，每个人吸取的信息不同，通过交流，大家可以在短时间内同时得到几个人的信息，并且在交流中碰撞出火花，获得更多的想法，也可以解决很多困扰的问题。在工程实施中更要注意这点，因为工程实施中涉及的人员众多、工程期限不定、设备技术复杂等问题，建立起信息系统非常有必要，有利于成本预算与计划，并且能够及时地进行改进和纠正错误，正所谓人多力量大，人多信息多，在成本计算时也能够更准确。

作为管理者运用一定方法提高员工积极性对自己的施工团队是大有裨益的。前文也提到可以通过对表现优异的员工进行奖励来激励，例如，通过考核对比各个组别的成本预算与实际的差异，评选出两者最接近的团队，以红利的方式进行鼓励，这样做会使团队增加凝聚力，并且在日后的工程中都会在保证质量的前提下节约成本。在营造出一种竞争的气氛时，大家都会让自己做得更好以争取荣誉，并且不能因为自己的原因拖大家的后腿。良性竞争会使总体的水平大幅度提高，这不仅是管理者想要看到的，对工作者本身也是好事。

通过本节提供的理论依据和实践依据，希望能使以后的研究者和工作者认识到如何更

好地进行污水处理厂的成本管理，避免常见的错误，并希望激励更多人关注此项内容，进行更进一步的研究。

第四节　污水处理厂工程建设的施工监理

目前污水处理在国家污染治理工作中占有重要地位，因此，社会越来越重视污水处理厂的建设工程质量。在开展污水处理厂项目建设的过程中，施工监理在保证污水处理厂的建设质量方面究竟能够发挥怎样的作用是社会比较关注的问题之一。本节重点介绍施工监理在污水处理厂工程建设中的作用，希望能为我国类似项目提供参考和借鉴。

污水处理厂工程建设的施工监理是指工程监理单位受建设单位委托，根据法律法规、工程建设标准、勘查设计文件及合同，在施工阶段对建设工程质量、投资、进度进行控制，对合同、信息进行管理，对工程建设相关方的关系进行协调，并履行工程安全生产管理法定职责的服务。委托和法定是它的两个重点属性。

一、施工监理工作

污水处理厂工程建设的施工监理工作主要包括：土建工程方面的施工监理、污水处理设备安装方面的工程监理和设备安装结束后的系统调试方面的监理。

（1）土建工程方面的施工监理很大程度上与一般建筑工程的施工监理类似，这部分的监理工作主要包括地基与基础工程、污水和污泥处理构筑物、附属构筑物和建筑物、厂区道路绿化等，需要重点关注构筑物、建筑物和工艺管渠的不均匀沉降和防水、防渗漏性能。

（2）污水处理设备安装方面的工程监理，主要包括污水和污泥处理设备、工艺管线、电气设备、自控与监控设备等，在开展监理工作时需要重点检查这些工艺设备、工艺管线、电气设备、自控与监控设备等设备的安装是否达到相应的验收标准。

（3）对污水处理厂的系统调试工作开展监理时要联合设备厂家共同参与，这部分主要包括构筑物和工艺管线的功能性试验、工艺设备的单机试运转和系统联合试运转等，这一阶段的监理工作将直接决定污水处理厂是否能够正常投入运营。

二、测量工程

出于多种因素的综合考虑，污水处理厂一般都建在郊外，占地面积较大，而且厂内构筑物、建筑物比较多，工艺管线错综复杂，再加上附属配套工程，对平面布局、高程和坡度要求严格，工程测量的成果直接影响着污水处理厂的工程建设质量。因此，施工时要求对构筑物、建筑物和工艺管线和设备必须进行精确定位，施工监理人员要着重注意对工程施工中的测量放线工作的检查和复核。

污水处理厂的工程测量主要包括厂区内平面控制网和高程控制网测量；构筑物、建筑物、工艺管道、设备安装和附属配套工程的施工测量；工程沉降观测；污水处理厂进水口、出水口的平面位置和高程测量。

①监理人员要在开展工程测量的施工监理工作之前制定出一套合理切实可行的工程测量监理实施细则，指定具有丰富测量监理工作经验的监理人员开展工作，明确岗位职责，为现场检查和复检工作做好准备。②监理人员应审核施工方的工程测量方案是否满足工程测量的要求。检查施工方测量人员的岗位资质，确保测量人员符合要求。检查施工方的测量仪器是否合格，保证仪器测量的精度。③在进行控制桩交桩之前要对控制桩进行复测，保证桩位定点准确性，然后，监理人员要与施工方共同完成定点放线工作。④监理单位要严格按照规范标准，对施工方的测量成果进行复测，以确保构筑物、建筑物和工艺管线和设备定位精确，满足验收规范的要求。

三、地基与基础工程

污水处理厂的地基与基础工程主要是指构筑物、建筑物和管道工程的地基与基础工程，主要包括基坑开挖与回填、地基处理和桩基础。污水处理厂构筑物、建筑物和管道工程的基础埋设深度千差万别，不均匀沉降成为污水处理厂工程质量的通病，事关施工安全与结构安全，因此，地基与基础工程施工的每个环节必须予以关注。

构筑物一般设在地下、半地下，因此，构筑物的地基与基础工程是污水处理厂地基与基础工程的重点。监理人员在对这些构筑物工程施工监理时最重要的就是要做好基坑支护的监理。根据相关规定，只要基坑深度超过5m就属于深基坑。在对深基坑施工前，首先要组织专家根据现场实际情况对施工方案进行专家评审，确定合适的施工方案，并督促之后施工单位按照方案执行；其次，基坑在开挖时，监理人员应在场，一旦发现现场的地质条件与之前勘查的情况不符，要及时通知施工单位和设计单位协商解决；另外，还有一些基坑工程由于所处地形环境的影响，地下水位较高，为了确保施工质量和安全，监理人员在施工前要及时督促施工方做好降水工作，从而保证基坑边坡的稳定性。在基坑建设完成后，施工单位会向监理方提出验收请求，监理工程师在收到验收请求后要及时做出反应，对于那些不符合要求的工程要求的施工方进行整改，一旦出现重大危险情况时，还应及时叫停施工活动，并通知建设单位协商解决。

四、构筑物工程

污水处理厂在工程建设中常见的构筑物包括污水处理构筑物、污泥处理构筑物和附属构筑物，核心构筑物主要有污水生化处理池、沉淀池以及污泥消化池等。根据各个水池功能的不同，它们的尺寸和形态也各不相同。污水、污泥处理构筑物的渗漏问题是污水处理厂质量通病之一，防渗防漏关键在于钢筋混凝土结构的自防水质量，出于对污水池性质的考虑，施工单位在选择混凝土材料时要着重考虑混凝土是否达到抗渗漏和抗腐蚀的要求，这也是开展监理工作的重点。

监理人员要着重检查进厂原材料的质量合格证，并现场巡查施工工作，一旦发现原材料不合规要及时叫停施工并上报建设单位，避免出现重大的质量问题。一般来说，监理工程师在对污水处理的主要构筑物施工监理时，主要包括以下四点内容：①检查施工单位的防水施工方案制定是否合理，这部分工作重点是要检查地下水性质，是否具有腐蚀性、原材料的质量是否合乎标准以及外加剂的掺量是否符合规定要求等。施工前一定要保证地下水位和基坑底部保持一定的安全距离，同时还要做好排水措施，避免在施工过程中出现浸泡基坑的情况。②施工单位要根据设计单位提前制定好的方案计算混凝土用量，对于构筑物的底板要一次性浇筑成功，不留施工缝。对于设计方案中要求预留的沉降缝应按照相关规定进行分割，并用专门材料填充，避免出现底板渗漏情况。③监理工程师要格外注意构筑物模板的安装精度是否达到要求，钢筋捆绑的方法和数量是否合乎规定，要杜绝偷工减料等问题，规范施工行为，以保证构筑物质量。④监理工程师要及时核对施工中的预留孔洞数量与位置是否与施工方案图纸一致。此外，预留孔洞之外的地方要单独用钢筋进行固定，孔洞之外的混凝土也要确保浇筑密实，为了确保预留孔洞的可视实用性，施工方在预留孔洞时还要加防水套管，并根据设计方案的不同安装、不同类型的防水套管，确保构筑物的质量。

五、设备安装工程

在污水处理厂工程建设中，设备安装质量对整体工程建设质量有着至关重要的影响。监理工程师应加大对污水厂设备安装质量的监管力度。在设备安装前，监理工程师要根据设计图纸中规定的设备数量和型号对施工现场待安装设备一一核对，并根据制造手册的要求严格核查，确保污水厂设备的制造质量。待设备制造质量核查结束进入厂区内待安装时，监理工程师的监理工作主要包括以下四点内容：①对进入厂区的设备开箱查验，检查设备的数量和型号是否与清单相符，重要设备以及安装技术水平要求较高的，要求设备厂家派专业技术人员到现场进行指导；②需要提前预留孔洞的设备要提前跟土建施工方进行沟通，监理工程师也要对土建施工方为设备预留的孔洞进行复核，一旦发现误差较大，无法满足设备安装要求时应及时与施工方沟通解决；③在设备安装过程中施工单位要严格按照安装说明和设计图纸进行安装固定；④安装结束后，监理工程师要提醒施工人员及时取下设备的保护罩，以确保后续的试运行得以正常开展。

六、污水处理厂运行调试

在污水处理厂的设备安装结束后，工程建设就正式进入试运行阶段，监理工程师在这一阶段的主要职责就是监督施工单位按照设备调试方案的要求开展调试。试运行是对设备安装质量的综合性检测，做好相关参数的记录，设备试运行主要包括单机空转与联动带负荷运转阶段。单机运转试运行要求安装单位、监理单位与设备厂家共同参与，对进口设备单机运转试运行应在厂家代表指导下进行，试运行质量控制主要包括对设备机械性能、液压等辅助系统进行监测，查看运转时是否存在噪声情况，对设备的启停操作检查，检查设备的电气性能，查看设备运行是否平稳，测试设备的工艺参数，确定参数在技术范围标准内。成套设备安装间隙和调整间隙保证充分润滑，才能运行平稳正常，工业自动化控制操作方便、无污染、噪声低。输出和输入信号正常，执行指令准确，动力高压正常、低压稳定，输出功率达到额定值。在调试的过程中，监理工程师要格外注意各种构筑物、工艺管线质量是否合格、是否满足抗渗漏的要求，污水处理设备是否达到设计标准，保证调试结束后的污水处理系统能够正常运转。

综上所述，污水处理厂工程建设的施工程序复杂，对参与建设的设计单位、施工单位尤其是监理工程师都有较高的职业要求。在施工的过程中，监理工程师要根据设计图纸、验收规范的要求采取一系列的专业检查，加强现场巡查，强化验收，完善监管手段和过程控制，尤其要做好事前控制。监理工作要做好，除了需要监理工程师的努力，更需要建设单位的全力支持和工程相关单位的积极配合，只有大家共同参与，才能让监理工作开展得更加顺利，才能更好地保证污水处理工程质量，使之正常运行，最终给社会带来良好的经济效益和社会效益。

第五节　污水处理厂土建施工阶段质量管理

污水处理厂在建设过程中，土建工程是至关重要的一个环节，对后期污水厂的运营有直接的影响，所以要认真做好土建阶段污水处理厂的质量管理工作。本节以实际工程为例，对污水处理厂土建施工阶段的施工重点进行分析，对土建阶段质量管理进行探讨。

一、工程概况

狮岭污水处理厂（二期）工程位于狮岭镇联合村迳口经济社以西、广清高速公路南侧田心路以西，占地面积 2.93hm²。本工程布置在一期工程北侧，设计污水处理规模为 7 万 m³/d，污水处理工艺采用 AAO＋矩形周进周出二沉池＋高效沉淀池＋滤布滤池＋紫外线消毒处理工艺，除臭采用生物除臭法。本项目主要构筑物包括细格栅及旋流沉砂池、AAO生物反应池、矩形周进周出二沉池、鼓风机房及变电所、中间提升泵房、高效沉淀池、滤布滤池及紫外线消毒渠、加药间、重力浓缩池、综合控制中心等。

二、污水处理厂土建工程施工前的管理措施

花都区水务工程质量安全监督站根据上级有关文件及规范要求各参建单位要严格按照合同中的条款肩负起各自的责任，认真切实地履行好各自的工作职责并坚决落实到工程建设的每一个环节里。例如，对监理单位就要求其必须按照与业主单位签署的合同在工作中认真履行，并签发施工图纸，对施工单位的技术措施和组织设计进行审查，对监理合同中的质量要求和质量标准的执行情况进行指导，确保工程质量可以达到设计要求。与此同时，花都区水务工程质量安全监督站也充分发挥监督机构的职责，建立完善的质量监督管理体系，严格按照国家规定的技术质量标准、行业标准和法律标准开展监督工作，起到建设行为监督与质量现场监督关键的作用，为水务工程的质量保障提供高水准的服务。

三、污水处理厂土建施工过程中质量监督管理

（一）工程项目的划分

在主体工程开工前，项目法人需要组织设计、监理和施工单位，按照颁布的《水利水电工程施工质量检验与评定规程》（SL176–2007）和《广东省市政基础设施工程施工质量技术资料统一用表》（2010）、《给排水管道工程施工及验收规范》（GB 50268–2008）、《给排水构筑物工程施工及验收规范》（GB 50141–2008）、《城市污水处理厂工程质量验收规范》（GB 50334–2002）等相关要求，对项目进行划分，并将划分表及说明书面报花都区水务工程质量安全监督站进行确认。

（二）审查施工参与单位、人员的资质和能力

对施工单位资质进行审查。对施工单位的资质进行审查，确保其资质等级可以达到投标项目的等级要求。对施工单位的质量管理制度、质量监督体系、质检人员情况等进行检查，重点检查施工设备、施工人员是否全部到达施工现场。

对设计单位资质进行审查。在项目开工之前，需要对设计单位的资质进行审查，确保设计单位的资质可以满足工程施工等级的要求，并对施工图纸签章的完善性、设计单位现场服务情况、施工图交底工作是否完成等进行检查。

对工作人员的工作能力进行审查。开工前，要重点审查建设、监理单位质量检查人员技术水平和工作能力，确保其技术水平和工作能力足以代表整个建设（监理）单位，并具备对隐蔽工程、关键单位建设工程开展阶段验收和质量检验的资格。对于工程项目、单位工程质量评定意见审核表单必须经过总监理工程师审核通过后签字方可生效。常驻工地的监理人员一定是持相关专业证书上岗，确保其技术达标满足工程需求，严禁无证上岗。

（三）实际施工中的质量监督

工程施工过程中的质量监督主要是对重点隐蔽工程、关键部位的单元工程以及重要分

部工程的质量监控。其中，重点隐蔽工程、关键部位的单元工程的质量监督是基于施工方自检达标后开展的，其监督小组由项目法人（或委托监理）、监理部门、设计部门、施工方及工程运行管理部门等机构联合组建，对施工过程进行质量检查验收，审核工程质量等级，并签署相应的审核意见表，待合格后报备工程质量监督机构进行复审、核查。

分部工程的质量监督是基于施工方自检达标后，经由监理单位复审，项目法人认定，由项目法人代表将工程检验质量详情报备至工程质量监督机构进行复审、核查。要认真检查施工方质量验收的自检、自评材料以及检查建设（监理）单位是否对自检材料进行了复审核，各项验收签字是否完成。若检查出明显不合相关标准规范的资料，要及时告知施工方，责令其重新自检、自评，直至满足要求。对进场原材料进行认真检验，确保砂、回填砂、石骨料和回填土等原材料各项指标均满足规范要求；确保水泥、钢材等原材料具备质量保证书和出厂证明，准备相应复检材料；确保混凝土具备相关配合比单及试验结果的报告等。

对工程预制构件进行检查，确保工程预制构件具备出厂合格证（准用证）以及相关的制备检验材料。在工程施工中，一旦发生质量事故，需严格参照水利部 [1999] 第 9 号令《水利工程质量事故处理暂行规定》文件采取处理措施。认真分析事故发生原因，并及时采取处理措施，落实事故责任追究制度，力求通过此次质量事故可以提升工人的质量意识，提升工程质量。

（四）工程竣工阶段质量检查

工程竣工验收前，质量监督机构应对工程质量等级进行核定。为了更好地完成上述任务，配合有关部门工作，质监站先要明确质量监督到位工作范围，并要求项目法人在工程进行到竣工验收阶段时，提前一天时间通知水务工程质量监督站，以便根据实际情况安排质监人员及时到位，把好工程质量关。

待项目工程完全竣工后，项目法人需联合监理部门、设计部门、施工方及工程运行管理部门等构建工程外观质量评定小组，开展工程项目现场外观质量检查及评定工作，整理、上报质量检查评定报告至工程质量监督机构，进行复审核。

四、工程质量的等级认定

（一）重要隐蔽工程的质量认定

在施工方自审达标后，经由项目法人（或委托监理）、监理机构、设计部门、施工方、工程运行管理中心组建的联合小组对重要隐蔽工程开展质量检验、查收及等级评定，完成相关签证表单，报备至工程质量监督机构，进行复审核。

（二）分部工程质量认定

在施工方自检达标后，经由监理单位复审，项目法人核定，由项目法人代表将工程检验质量详情报备至工程质量监督机构进行复审、核查。

（三）单位工程质量等级认定

质量等级主要包括单位工程质量、外观质量、施工质量、质检、测量资料分析结果以及工程质量事故处理等。在施工方自检达标后，经由监理单位复审，监理工程师进行质量等级认定且签证，由项目法人审定并报备至工程质量监督机构，进行最终审定。

（四）工程项目质量等级评定

当工程项目构成成分较多时，需要开展工程项目质量等级的评定工作。在组成单位工程质量认定均达标后，经由监理单位开展统一质量等级认定工作，由项目法人等级认定后，报备至工程质量监督机构，并进行等级复审定。

综上所述，城市污水处理厂属于一项系统化的工程建设项目，需要重点做好质量的管理工作。在实际监督管理过程中，花都区水务工程质量安全监督站制订了完善的监督计划，对施工中的重点和要点进行严谨监督，从组织协调、强化管理的角度出发，要求各参建单位对施工进行合理的安排，制定完善的质量管理体系。严控施工质量，降低安全事故概率，确保工程建设的顺利完成。

第六节　污水处理厂EPC项目成本管理

高速的经济发展给我国污水处理市场带来了新的挑战。EPC项目通过承包设计、采购、施工、运行等全过程，既可以降低项目的成本，同时又可以充分发挥项目各技术的优势，因此得到了广泛的应用。本节分析EPC项目承包管理中存在的风险和可能的问题，并提出积极的应对措施。

EPC（Engineering Procurement Construction，工程总承包）工程已协商的合同总价承担包括承包设计、采购、施工、运行等全过程，总承包商对工程的质量、进度、安全、成本等全权负责，以满足业主的需求。EPC工程项目有两个方面的优势：一方面更方便业主方确定EPC工程的成本和工期，降低协调各项工程施工的难度，使业主能够获得最大的投资收益；另一方面，总承包商以EPC工程项目的形式施工建设，更能够统筹协调各项技术，充分地发挥各项技术的优势，在总管理和协调上自由度也较大。但由于工程项目的复杂度较高，所以承包商需注重成本管理，做到保质、保量、高收益。

一、EPC项目中存在的成本管理风险

（一）总承包商面临的风险

第一，不熟悉项目环境带来的风险。承包商在开始施工前，如果没有对现场施工环境开展详细周全的调查分析工作，就很有可能因疏忽而没有发现可能出现的成本风险，这不

利于后期施工，将直接增加人力、管理等成本。

第二，总承包商缺少在工程设计、设备采购上的主导权。例如，分包商在开展分包项目时，具体的采购由分包商具体负责，但分包商最终的采购价格通常会超出总承包商的预算，使采购成本上升。

第三，在设计、采购、施工方面存在协同风险。总承包商的施工建设，一般要同时推进设计、采购、施工这三个环节，一旦某个环节出现问题，就会影响到其他两个环节，造成停工，而工期延误是导致成本增加的重要因素。

第四，总承包商缺乏对现场的有力组织和管理。由于没有合理配置现场施工的人力、材料、设备等，也没有将技术和安全交底，所以前后工序的衔接出现问题，进而增加成本。以某污水处理厂的合同为例，工程范围主要包括勘查、设计、设备供货、设备及管配件安装、土建施工、组织调试、试运行、运行阶段指导培训、项目竣工验收等，合同的范围比传统承包范围要广很多，内容也更详尽，持续时间更长。在此工作范围内，总承包商需承担所有费用。

（二）污水处理厂面临的成本风险

污水处理厂存在的成本管理风险主要包括：一是总承包商无法对污水处理新提出的设计或要求寻求索赔，就会增加工程成本。例如，在炎热的地区，总承包商为确保施工人员的身心健康，需要承担高温补贴费用或者空调补助费用。二是污水处理厂不能及时地提供足够的资金，会使施工延期，产生风险。过长的施工建设周期会带来人工费、材料费、分包价格的上涨等，这些也会带来不少的成本负担。三是污水处理厂因不履约，在建设场地、基本物资保障的供应上无法及时地提供基础必要的施工条件，项目的成本自然就会增加。

（三）外部环境面临的风险

通常来说，税率、汇率、通货膨胀等是面临的主要的外部环境风险。举例来说，境外EPC项目一般建设周期较长，相应地会增加汇率的风险，如果人民币大幅度增值、美元到账迟滞，就会出现经济损失。此外，税率风险是可能的风险，它主要由不同地区采取不同的税收政策导致地区之间存在差异造成的。如在某些地区增值税、销项税额可以免除，但在另外一些地区则不会免除，在这种情况下，这些款项就无法得到弥补。最后，国际经济环境的变化会导致通货膨胀，这将增加那些有较长的施工周期工程的人工、材料、设备等成本。

二、EPC 项目成本管理存在的问题

（一）如何使收益最大化

降低成本使经济收益最大化是污水处理厂进行成本管理的最终目标。但它有一个前提条件，即确保总承包项目的价值链完整。然而，在实际的项目管理中，很多因素容易导致成本增加，进而影响预期收益。这些因素主要包括总承包项目的总体范围和具体内容、项目延期导致的违约、提前完工需花费的奖励、项目提前运营导致的利润分配、总承包商的形象和品牌信誉等。如果没有综合考虑这些影响因素，工程项目的成本管理工作就会受限，进一步影响工程的收益预期。

（二）如何实现动态管理

动态管理是 EPC 项目工程建设的一大特点，它不是一个静止的过程，因此，在对其进行成本管理时要依照动态性原则，实行全面性和全过程管理。在具体的管理过程中，一方面要实事求是；另一方面要强化改革创新，使管理方案逐渐完善、具有新意。与此同时，要充分地利用项目之间相互关联的特点，对其进行分析和管理，使精细化管理成为可能。要做到这一点，运用 EPC 项目实施成本管理时，要把各个部门、各个管控点统筹协调起来，迅速发现其中的问题，并果断采取措施进行处理、纠正。从项目的规划到竣工验收，都要纳入成本管理的范畴。但在管理项目时，出现的管理意识不强、方法老旧等问题使动态性的管理存在一定的难度。

（三）如何解决参建方争议

污水处理厂使用 EPC 形式，目的是推进水质达标。传统的总承包模式，在设计、施工和采购等各环节都各自为政，没有凝聚力。而 EPC 模式则由总承包商统一进行设计、采购和施工，进行协调和全过程处理具有很大的优势。但这要求 EPC 总承包商对合同条款约定十分熟悉，能明确使各参建单位按约定的工作范围。它同样要求花费更多的精力整合资源，处理各参建单位的协作问题。但在实际施工过程中，EPC 总承包单位很难保持设计、施工、采购等各方面的高水平、高标准状态，这就可能使各参建单位存在争议。解决这些争议需要额外支出，导致项目成本增加。

三、EPC 项目成本管理的措施

EPC 项目成本管理存在各种各样的风险，在成本管理的过程中，应该抓住重点，想好应对措施。

（一）重视市场调研

总承包商应提前做好 EPC 项目成本管理的各项准备工作。首先，要积极进行市场调研，熟悉和了解项目环境，同时识别和规避可能存在的风险因素。如在设置成本管理费用时，可分为可预见的费用成本和不可预见的费用成本。按以往的经验，如果总承包商没有充分做好对市场风险、项目风险等的评估工作，合同一旦签订，后期出现风险则由总承包商负责，这会影响成本管理的实效。因此，总承包商要将调研工作放在突出的位置，分析和研究调研结果，在合同中规避合同风险、定价风险或约定共同承担风险，提高成本管理的有效性。

（二）进行限额设计

发挥投资估算的作用是限额设计的重心。前期的可行性研究报告能够在一定程度上控制初步的设计方案。在此基础上，以初步设计方案计算出成本，计算和把控施工方案。在实操过程中，要把控好批准后的投资估算，在审批的投资金额中对整体工程资金加以控制，计算出实际支出的工程总成本，最后综合后依次分解总成本，形成对多个项目的投资测算。在限额设计时，必须使设计尽可能地满足建筑的使用功能，在后期尽可能不进行设计变更，以免后期施工超出预算。

（三）谨慎进行审核设计的变更

在实际施工时，EPC 项目进行设计变更、工程签证变更等事宜不可避免。这就对总承包商提出了更高的要求。一方面，总承包商需要与设计方和施工方多加沟通，落实图纸会审，如期完成设计交底等工作；另一方面，总承包商还要加强与业主的对话，清楚地了解业主的设计意图，避免出现理解错误而影响后续的施工。后期只要出现设计变更，总承包商首先要做的是审核变更的合理性，并对工程量进行准确计算。执行变更时更要加强监督和管控。例如，当分包商提出变更申请时，总承包商要指派专业人员严格审核变更的范围，依照规范的流程完成变更手续。工程的参建方也要参与进来，对变更的部分进行确认，同时修改合同内容，确定变更后的工程量。

（四）提高成本管理控制能力

EPC 项目的成本管理主要集中在设计、采购、施工这三个环节。总承包商要自始至终地把握好对成本进行控制的主动权。例如进行谈判，就要将设计权以合同的方式清晰地规定下来，以精湛的设计能力提前做好准备工作。此外，还要相当熟悉国内外的技术标准，促进自身技术能力提高。总承包商还要有条理地分析社会、经济、自然因素等，制订较为完善的管理计划。

当前，随着市场竞争的需要，EPC 项目管理模式在许多行业中出现，污水处理厂的 EPC 项目模式既是借助项目的优越性，也是基于我国对污水处理的市场需求及处理的有效性。要充分地发挥 EPC 项目在成本管理方面的优势，积极应对存在的风险和问题。

第七节　污水处理厂的运营管理探讨

污水处理对我国经济发展、社会稳定等有着积极的意义，随着人们环境保护意识的不断提高，污水处理问题也逐渐引起了人们的高度关注。随着人类生活环境的不断恶化，污水处理厂肩负的使命也越来越重，如何进一步提高污水处理厂的运营管理水平成为新时期污水处理厂发展的关键。当前很多污水处理厂在运营管理过程中还存在思想认识淡薄、管理人才欠缺、体系不完善等诸多常见问题。为了进一步地提高污水处理厂的运营管理水平，必须要对这些问题进行有效的解决，本节将深入探讨当前我国污水处理厂在运营管理时存在的常见问题与对策。

人类赖以生存的自然环境变得越来越恶劣。人类社会依然在不断地向大海、河流、湖泊中排放大量污水，虽然现在人们环境保护意识不断提高，污水处理厂的数量也在不断增加，但是想要彻底解决污水排放问题，还有很长的路要走。污水处理厂的运营管理对污水处理效率及质量有着直接的影响，因此，做好运营管理不仅关乎污水处理厂的正常运行，更关乎环境保护层面，所以必须要切实提高污水处理厂的运营管理质量。

一、分析污水处理的积极意义

首先，污水处理能够有效地保护水资源，提高水资源的利用效率，从而造福人类。污水如果直接被排放到江海湖泊当中，不仅会污染水资源，更重要的是会造成生态破坏，从而会引发一系列的严重后果，人类会面临水资源短缺的问题，所以进行污水处理能够防范这一问题，有效缓解我国水资源紧张的状况。其次，污水处理有利于稳定社会与经济发展。通过污水处理技术可以实现水资源再生，最重要的是污水处理之后再排入到江海湖泊当中时不会对当地的生态造成破坏，稳定生态平衡。无论是经济发展还是社会建设，都需要在一个稳定的生态当中才能够实现，由此可见，污水处理对社会发展以及经济发展有非常重要的作用。

二、探讨我国污水处理厂运营管理中常见的问题

（一）污水处理厂运营管理体系不完备

当前，我国的大部分污水处理厂并未建立起完备的运营管理体系，导致污水处理厂运营管理效用大打折扣。首先，很多污水处理厂的运营管理过程中在预算制定、成本管理、设备管理、药剂采购等工作中都存在问题，导致污水处理厂的运营管理效果差。比如，药剂采购是污水处理厂运营管理中比较重要的一项工作，但很多污水处理厂在运营管理时都对药剂采购管理存在认识不到位、人员配备力量不足、成本过高等问题，导致污水处理厂药剂采购比较混乱，影响运营管理效果。其次，还有的污水处理厂不重视运营管理的作用，在日常经营中缺少对运营管理的关注及支持，导致运营管理体系构建中的问题迟迟得不到落实。

（二）污水处理厂运营管理技术需要提高

首先，很多参与污水处理厂建设的单位都存在实力有限的问题，也就无法确保污水处理厂建设进度和建设质量，从而影响污水处理厂的正常运营管理；其次，很多污水处理厂自身的实力比较弱，在加之缺少技术运用思维，在运营管理过程中很少关注技术环节，很多污水处理厂的中控室、实验室、在线监测等管理设施在技术层面都是达不到要求的，从而也就无法很好地开展工作。

（三）污水处理厂运营管理队伍水平有限

污水处理厂开展运营管理，离不开专业化运营管理人才的作用发挥，但这正是当前很多污水处理厂在运营管理过程中最薄弱的一环。首先，很多污水处理厂并未根据运营管理的需要来构建完备的培训机制、考核机制、激励机制等，使运营管理队伍得不到来自污水处理厂方面的帮助，不仅影响污水处理厂运营质量，也极易造成运营管理队伍的不稳定；其次，随着时代的发展，运营管理工作对从业人员的要求越来越高，但很多污水处理厂的运营管理人员在思想建设及技术运用上都存在明显的不足，这与其对自身要求较低、不愿意主动学习有直接的关系。

三、探讨污水处理厂运营管理对策

（一）提高技术水平及安全水平

污水处理本就是一项对技术要求很高的工作，所以污水处理厂在进行运营管理时必须要从技术切入先着手，一定要保证污水处理设备的先进。污水处理厂为了保证运营质量，杜绝安全隐患，一定要在技术上高要求，要在质量上严把关，在组织安排上要巧妙。只有这样才能够保证污水处理厂运营管理技术及污水处理技术的先进性，才能构建与新时期发展需要相一致的污水处理厂运营管理体系，降低污水处理中的失误，提高污水处理效率与质量。

（二）强化污水处理厂运营管理队伍建设

运营管理队伍是落实好污水处理厂运营管理工作的关键，为此必须不断地提高污水处理厂运营管理队伍的能力水平。首先，从污水处理厂层面出发，污水处理厂为了进一步提高运营管理质量，必须要根据自身运营管理需要及现状来进一步完善培训机制、考核机制、激励机制，通过这些机制来不断地完善运营管理人员在各方面的技能水平；其次，从运营管理队伍层面出发，运营管理人员要严格要求自我，随着时代的变化，运营管理工作对他们的要求在不断提高，所以为了自己，同时也为了污水处理厂的整体发展，运营管理人员要养成爱学习、爱交流、爱实践的精神，不断地提高自身的能力水平。

（三）强化污水处理厂内部管理

为确保污水处理厂运营管理质量，必须要采取切实有效的内控措施，加强对污水处理厂的监管力度，以确保污水处理厂的规范运行。如：污水处理厂可以充分地利用在线监测仪器严格控制污水处理收集量和处理后排放的水质，确保污水处理厂收集到的污水都是经处理后达标才进行排放的。此外，各污水处理厂要与各纳污企业签订纳污协议，协议条款一定要清晰，便于污水处理厂对纳污企业进管水质的监管。

污水处理厂运营管理建设意义重大，不仅关乎污水处理厂的整体发展，更关乎生态保护，所以必须要做好污水处理厂的运营管理。

第八节　从运营周期谈小型污水处理厂的管理

我国在十一五到十二五期间，建设了大量的污水处理厂，根据建设部通报 2014 年年底，全国已经有 1 402 个县城建有污水厂，县级污水厂的建设率已经达到了 86.9%，处理水量达到 0.28 亿 m^3/d，但是由于国内各地的经济技术水平发展不均衡、南北差异等情况，各地的污水处理厂也存在着极不平衡的发展状况。随着 2015 年 1 月我国新环保法的出台，对环保企业进一步加强监管，各地污水处理厂也将进入一个新的运营阶段。

随着水环境的进一步恶化，大城市的污水处理厂已经不能完全地满足对环境水体的保护，全国大范围的县城一级的小型污水处理厂，也承担起更多的水体的保护责任。探寻县城级别的污水处理厂的良好运行以及利用县城带动周边村镇的农村污水建设，在今后势必要成为我国污水处理的一个新的动向。

县级污水处理厂的日处理规模一般在 1 万 m^3/d，在运营管理上，可以部分借鉴已经相对成熟的大型污水处理厂的运行经验，但是也要明确小型污水处理厂的自身的特点，同时进行区别管理。下面从小型污水处理厂的运营周期和成本运营管理两方面来分析小型污水处理厂的运行特点。

一、运营周期

（一）运营初期

小型污水处理厂在建设完毕的初期，往往是缺水甚至无水运行，同时，雨污合流严重的小型污水处理厂，还存在进水浓度远低于设计标准的情况。这些情况都容易造成污水处理厂的"大马拉小车"，污水在厂内的停留时间远大于设计停留时间，此时的处理难度相对简单，较长的停留时间和过量的曝气等因素，可以大幅度地消减污水中的污染物，达到较好的处理效果。同时，由于设施设备都投用不久，故障率都较低，厂内的工作人员巡视和检修维护量较少。此时污水处理厂的管理人员往往会形成污水处理的管理相对容易、没有特别的技术含量等想法。因而，在日常管理中，疏忽掉日常的技术管理的积累和经验的总结，同时运营成本较低、利润较大，初期污水厂的运营情况都较好，运营方获得较大的收益。

（二）运营中期

在污水处理厂的运营中期，由于外管网的建设进一步完善，城镇居民人口的自然增加，收集水量逐步接近或达到设计能力，污水处理厂达到满负荷或者超负荷运行。此时的设施设备都已经过多年的运行，由于受到污水厂内设备与污水直接接触特殊的工作环境下，国产设备在 5 ~ 6 年、进口设备在 8 ~ 10 年后基本就处于一个需要维护重置的阶段。这两个因素对小型的污水处理厂的运营管理迅速造成压力。特别是在运营初期缺乏相应的技术储备，缺少实际的技术人员的培养，到了运营中期，造成污水处理厂内不具备相关的技术力量来应对满负荷甚至超负荷运转的情况，而原有设备的不断老化损毁，也不断地加剧厂内的维护费用的支出，运营成本上升，厂内的工作人员的工作量也急剧增加，运营管理的难度大幅度增加，运营利润开始下降。

（三）运营后期

到了污水处理厂的运营后期，污水处理厂往往根据新的环境标准进行提标改造或者对原有的设计缺陷进行弥补性改造，开始进入污水处理厂的更新改造阶段。大修及改造项目实施后，在厂内施工与原有的污水处理相互重叠的现象较多，对污水处理厂的运营管理难度也大大增加，同时由于检修等原因，进水量降低、运营计费减少，运营企业的厂内资金开始紧张，使后期的更新改造费用投入不足，造成后期的改造工程虎头蛇尾，导致改造效果不尽理想，从而形成新一轮的小型污水处理厂的运行周期循环。

从小型污水处理厂的运行情况可以看到，县级的小型污水处理厂的运行周期的循环大约在10年的时间，在10年内出现初期良好运行、中期压力运行、后期改造运行的几个阶段。在实际调查的县级的运行水厂中都不同程度存在着这样的情况。

二、成本运营管理

污水处理厂的成本可划分为直接成本和间接成本两部分，直接成本主要来源于污水厂的电耗、药耗、设备的维护等可见性的必须支出费用；间接成本主要来源于污水处理厂的运营管理所产生的不可见性的费用。直接成本作为污水处理厂的正常运转的需要保障，是污水处理厂的重要支出性成本，如何有效地降低这部分成本，是在间接成本中得到的体现。污水处理厂通过有效地管理，在技术层面能够挖掘污水厂内的技术潜力，在人员方面能够激发出厂内人员的工作积极性，避免不必要的成本支出，简化管理手段和管理层面，降低管理费用。

三、存在问题

县级的小型污水处理厂的设计和运营在不同程度上存在很多脱节，设计的数据在实际运行当中往往出现偏差，原有的设计计算和设计理念在实际运行中不能达到实际的处理效果。而污水处理厂的运营人员在实际运行中无法理解设计初衷，不能完全地体现设计意图和思路，对设计的一些设施设备没有发挥出实际的功效，造成资金的浪费，而且达不到处理的效果。

四、改善方法

针对现阶段县级污水处理厂在固有的运行周期中存在的阶段性问题，要形成清楚的认识，并针对各阶段形成有效地管控，最终实现县级污水处理厂的良好运行。

小型污水处理厂运营稳定以后，污水处理技术核心变化不大，区域性的共性问题居多，为了减少污水处理厂的技术人员的叠加成本，同时确保技术人员的满负荷工作，在有条件的县市可以成立区域性质的污水处理厂的技术服务中心，为一个区域内的污水厂提供技术支持。这样技术人员脱离了厂内的管理，能够更加客观地判断技术问题，提供更有效的技术支持，而厂内的管理者也能够通过较低的人员成本得到专业的技术服务，同时技术人员也可以提高工资待遇，对企业的忠诚度也有所提高，从而达到多赢的局面。

由于县级污水处理厂在设计、施工、安装等各个环节不同程度存在着不能达到标准的问题，而这些失误不断地累积，最终在运营管理环节释放出来。有些严重的情况甚至导致无法正常出水等。因此，在实际运营中针对上述存在的问题，应当把技术改造贯穿整个运营周期内，合理利用不同的运营期间的利润额度，从小的技术修改到大的技术改造，要进行通盘的技术考虑，通过财务计算，核定各种技改费用与预期性收益的平衡，在保障有效利润的前提下进行技术的升级改造与设备设施的深度维护。

对污水处理厂的运营利润进行合理分配，通过运营先例建立多年财务模型，判断利润高峰低谷点，合理支配利润，平衡水厂生命期的运行收支平衡，对大修改造项目要进行预先判断，并做出合理规划，做好中长期的运营管理计划，保证污水处理厂的长期稳定的收益。

我国通过多年的投资建设，逐步实现县级污水处理厂的覆盖，随着一轮建设期的过去，有效地把建设完成的污水处理厂稳定地运行起来，切实地把县城污水进行处理达标后排放，为下一步的农村污水建设运营提供运行管理的经验和道路。

第九节　污水处理厂档案管理工作的体会

档案管理是污水处理厂的基础内容，其拥有着对各项工作的真实记录，蕴含着真实、历史及开发价值。目前，伴随城市化进程的快速布局，污水处理厂在其中发挥着不可或缺的作用，而档案管理工作作为基础保障，必须强化其管理的规范性、数据的完整性与信息的参考性。鉴于此，本节结合污水处理厂档案管理工作实际，简述在档案管理工作中的几点体会，以助力档案管理工作质量跃升，并为后续城市污水处理厂发展提供有益参考。

近年来，随着国家环境保护政策的实施，污水处理厂得到了快速的发展，2017年数据统计表明，我国已拥有城镇污水处理厂4119座，日处理量为1.82亿吨，随着城市发展的加速。即便如此，由于极大的人口密度及快速的城镇化，我国污水处理占比也仅为15.8%，因此，污水处理厂工程建设仍然是重中之重。可见，面对快速增加的污水处理厂，档案管理更应发挥出其利用价值，以保障污水处理工程的稳步推进，实现污水处理工作高效推进。

一、污水处理厂档案管理内容

（一）档案资料的收集

档案资料属于档案管理的核心，是污水处理厂各项工作的载体，通过档案资料的全方位收集整理，以反映污水处理厂的具体活动过程，以成为宝贵的历史资料信息备查。由于污水处理厂档案管理内容多元，结构复杂，所涉及的档案资料繁杂冗余，因此，根据《机关文件材料归档和不归档的范围》的要求，对档案资料的收集可以做到有的放矢，大致可以将其划归为以下几类：一是上级文件资料，上级文件资料是档案管理的重要内容，主要包括会议文件、业务报告、通知规定等；二是本级文件资料，本级文件资料具有实践性，包括会议材料、工作计划、总结报告、人事资料、资金管理等众多事项，同时还涉及诸多周边资料信息，如本级红头文件、工程合同清单、年度统计报表及同级业务文件等，均属于档案资料的收集范畴。

（二）档案资料的整理

档案资料整理工作是档案管理的前提条件，污水处理厂在实施档案管理时，要形成完整的技术路线，通过高效的档案整理工作，提升其实践的规范性。一是档案接收前，需要对相关的资料内容进行检查，依据《档号编制规则》的标准实施整理；二是严格参照最新的档案管理办法，依据规范的内容实施分类整理，健全资料接收、整理与管理的完整机制，保证档案管理的有效性；三是从污水处理厂管理实际出发，将各类本级原始资料进行归类整理，并形成制度化的收集整理体系，尤其是涉及立项、审批、资金管理等资料，应保持其完整性、衔接性与真实性。

（三）档案资料的检查与利用

污水处理厂档案资料管理纷繁复杂，需要建立高效的管理体系予以支撑，特别是要提升检查与利用的效能，才能够真正实现档案资料的完善。档案资料的使用与归档，在档案使用层面，相关使用单位应采取《档案使用登记簿》，对档案资料的借阅使用进行记录，严格落实档案使用的各项规定，明确档案借阅的范围与权限，确保档案资料管理有序。在档案归档层面，要采取审核规范措施，要求档案使用者爱护档案，在使用中保证档案的完整性，严禁剪裁、抽取、涂改或者损毁，在归还时要全面检查验收，在确保档案无误后再进行归还登记。

（四）档案资料的保管

档案资料的保管是漫长且不断完善的过程。在实施污水处理厂档案管理过程中，必须要针对性地实施检查，在管理中不断地融合与完善。与此同时，针对档案保管中所需的物理条件，严格做好温度、湿度调节及除尘、消毒等工作，电子档案要做好备份与保养，避免档案资料的损坏和遗失。

（五）档案资料的统计

在负责档案资料管理时，应切实做好登记造册工作，及时对归档资料进行整理入库，并根据相关要求进行数据的上报。

二、污水处理厂档案管理优化建议

（一）正确理解档案价值，优化档案管理制度

档案管理工作是对污水处理工程的记录，涵盖着污水处理厂发展的全过程，具有重要的现实意义与深远的历史意义。在新时期的档案管理中，必须要坚持高水平、高质量的理念，特别是针对档案管理工作的实际，应确保档案管理参与者正确理解档案价值，掌握科学的档案资料生成、收集、整理、统计与保存的方法，使污水处理厂的各项工作有条不紊地推进。比如，随着网络信息化技术的融入，档案管理部门或者个人，应充分正视档案管理的新变化、新要求和新挑战，强化岗位创新与责任意识，对档案管理工作实施完善与优化，适应时代发展的同时，发挥现代技术的优势，将档案管理工作提上新的层次，同时推动其向现代化、规范化、标准化目标迈进。

（二）着力建强管理队伍，确保专业素养提升

由于受传统管理思维的影响，污水处理厂档案管理工作地位不高，已然影响到档案管理质量的提升。为此，必须要重新对档案管理工作实施定位，积极参与各项发展事务之中，并将其作为产业发展的重要依据。特别是改变传统的认知观念，重视档案管理人才队伍的培养与吸纳，发挥档案管理工作的专业化优势，扎实推动现代化、复合型档案队伍建设，打造一支重点队伍。通过新技术、新能力、新视野的拓展，污水处理厂档案管理工作再上层次，满足未来档案管理的要求，支持档案管理向现代化、信息化、智能化方向发展。另外，要强化人员的职业道德，档案管理点多面广，要求人员具备较强的责任心、使命感，全情投入其中，以此才能真正发挥档案管理的作用，彰显档案管理的实际价值。

（三）紧盯技术发展形态，深化档案信息程度

如今，随着网络信息技术的发展，其基本完成了向档案管理领域的延伸，各类档案管理系统软件也逐步应用，这对于污水处理厂档案管理而言无疑是一次革命性创新。对此，在档案管理的转型升级过程中，要始终紧盯技术发展的趋势和特点，积极契合污水处理厂档案管理实际，加强系统的完善和匹配，通过智能化技术模式的引入，降低人工操作的短

板和风险，使档案管理时效性、针对性与系统性更强。与此同时，配合新的档案管理流程制度，最大限度地发挥出信息化管理优势，加强与传统纸质资料的融合，增加档案收集、整理及统计的便利性，并可实现线上查阅等功能，使用户得到更加完整的档案信息，进而全面满足档案管理的新需求，也使污水处理厂档案得到深入的开发与利用。

总而言之，污水处理厂档案管理属于基础工作，贯穿污水处理事业的始终，为满足当前的档案管理实际，应当切实认清形势、厘清特点、找准突破，不断在实践中探索全新的管理方式，重塑档案管理的重点地位，并通过理念革新、队伍建设及技术支持，盘活档案管理工作活力，为污水处理厂的自身发展提供支持，全面提升污水处理档案管理质效，进而在行业中立于不败之地。

参考文献

[1] 范波，颜秀勤，夏琼琼.污水处理厂节能降耗途径分析 [J].中国资源综合利用，2020，38（1）：159-161.

[2] 敖伊敏，庞小平，梁宏宇.浅谈污水处理节能降耗途径 [J].中国资源综合利用，2019，37（8）：115-117.

[3] 李强.城市污水处理厂节能降耗的途径 [J].科技经济导刊，2018，26（7）：110.

[4] 许光远，解东.典型小城镇污水处理的进水水质特征分析 [J].工业用水与废水，2019，50（1）：48-50.

[5] 张旭，王璐.城镇污水处理厂建设运行存在的问题及优化策略 [J].资源节约与环保，2016，（5）：36-36.

[6] 王少军，杜俊.磁混凝沉淀技术处理微污染水体研究 [J].工业用水与废水，2019，50（1）：39-43.

[7] 王旭阳，刘天顺，陈伟楠.磁混凝沉淀池在某污水处理厂升级改造中的应用 [J].中国给水排水，2018，34（4）：73-75.

[8] 李飞雄，谢润欣.水解酸化／改良 A_2O 工艺在工业污水处理厂中的应用 [J].中国给水排水，2018，34（4）：75-77.

[9] 张武刚.污水深度处理中滤布滤池工艺设计方案探讨 [J].净水技术，2018，37（4）：101-105.

[10] 陈林.滤布滤池在城镇污水处理厂提标改造中的应用 [J].工业用水与废水，2019，50（5）：48-50.

[11] 韩兴.污水紫外消毒装置设计及工艺参数优化研究 [D].长春：吉林农业大学，2006.

[12] 李玉磊.某取水泵站工程沉井结构设计与分析 [J].城市道桥与防洪，2017(9)：110-112+13-14.

[13] 徐向阳，韩志云.大型沉井结构设计要点与下沉施工控制措施 [J].江淮水利科技，2017(2)：37-42.

[14] 陈劭凯，陈庆丰，吴刚.某污水处理厂提升泵房沉井结构设计浅析 [J].特种结构，2011，28(6)：47-49.

[15] 王正刚.城市污水处理厂机电安装工程探析 [J].安徽建筑，2019，26(6)：210-

211+220.

[16] 覃铭. 污水处理设备安装问题及质量控制策略 [J]. 技术与市场，2019，26(2)：214-215.

[17] 杨益. 污水处理厂机电安装工程施工要点分析 [J]. 山东工业技术，2018(17)：105.

[18] 陈贵福. 试分析污水处理设备安装中常见的问题及解决措施 [J]. 建材与装饰，2018(7)：164.

[19] 李安琪. 我国城镇污水处理厂建设运行现状及存在问题分析 [J]. 科技风，2018(28)：126.

[20] 李喆，赵乐军，朱慧芳，等. 我国城镇污水处理厂建设运行概况及存在问题分析 [J]. 给水排水，2018，54(4)：52-57.

[21] 赵全起，赵若尘. 污水处理厂设备运行及管理存在的问题及改进措施 [J]. 工业用水与废水，2007(05)：101-102.